荒木　雅也　著

地理的表示と日本の
地域ブランドの将来

信山社

目次

目　次

地理的表示と日本の
地域ブランドの将来

第一章　地理的表示制度の概要

1　地理的表示の意義

地理的表示制度とは、食品などの産品が、味や香りなどの独特の品質その他の特性を備えており、その特性が生産地に起因するものである（生産地との結び付きがある）ことを基本的な条件として、その産地名称などを地理的表示として登録・保護することを目的とする制度です。地理的表示は、英語では、Geographical Indication と言います。しばしばＧＩと略称されます。一言で言って、高級ブランドないしは産地名称の保護制度です。

地理的表示制度は、二〇世紀初頭のフランスにおけるワイン原産地名称保護制度に起源を持つ制度です。そしてフランスのワイン原産地名称保護制度は、元来、テロワール（terroir）という観念に基礎づけられています。

テロワールとは、「フランス語で土を意味するテール（terre）から派生した概念で、……名産物を生み出す地域の個性・特性という意味合い」に用いられます（トレス、二一三頁）。たとえば、ワイナリー経営者であるデヴィッド・レイミーは、テロワールとは、土壌の物理的及び化学的特性、畑の設計と開発、品種の選択、植樹密度、剪定、肥料や農薬の散布、気象条件、収穫時期の判別といった、人的要素を含む様々な要素の融合であると論じています。

この観念の下で、一定地域の地質、地形、気候、植物相、その他の自然的特徴が、農産物や食品などの品質に対して本質的な影響を与えると考えられており、加えて、在来の伝統的な生産方法などの人的・文化的特徴もまた品質に影響を及ぼすと考えられています。

こうした観念に基づく制度が、イタリア、スペイン、ポルトガルなどの南欧諸国において も発展を遂げ、一九九二年に欧州連合（以下、EU）がこれを発展的に継承する法令を制定しEU全域において行われるようになりました。その後、一九九五年の世界貿易機関（以下、WTO）発足とその関連協定である「知的所有権の貿易関連の側面に関する協定」（以下、TRIPS協定）の発効を契機に、日本を含む世界に広がりました。TRIPS協定は、知的財産権に関する国際協定です（本書において、同協定の訳文は、政府の訳文によります)。

世界的に見て最も完成度が高い制度はおそらくはEUの制度です。EUでは、イタリアの「プロシュット・ディ・パルマ/別名、パルマハム (Prosciutto di Parma)」、フランスの「ロックフォール (Roquefort)」や「シャンパン (Champagne)」など世界中に通用する著名な名称を含む、三、〇〇〇以上の産地名称が地理的表示として登録されています。地理的表示制度は、近年、わが国でも導入されましたが、その背景には、国産品のブランド化を支援することで農業や食品産業の振興をめざすという狙いや、地理的表示制度を導入ずみの国々との間で将来的に地理的表示の相互保護を行うために、前提条件として、日本国内で制度を設けておきたいという政府の思惑があったと思われます。相互保護については後述[本書第二章4]します。

さて、日本の制度は、①酒類に関する制度と、②酒類以外の飲食料品や農林水産物に関する制度の二本立てです(両者は、保護要件や手続きにつき若干の違いがあります)。

①は「酒税の保全及び酒類業組合等に関する法律」に基づき国税庁が管轄し、②は「特定農林水産物等の名称の保護に関する法律」(以下、地理的表示法)に基づき農林水産省が管轄しています(本書では、②を中心に論じることにします)。前者は一九九四年に始まりました

（平成六年一二月二八日国税庁告示第四号）。後者は二〇一四年に制定され、二〇一五年六月に施行されました。二〇一五年一二月二二日には、江戸崎かぼちゃ、神戸ビーフ、夕張メロンを含む七つの品目の産地名称がわが国において初めて地理的表示として登録されました。二〇二二年一一月末時点で、①は二三件が登録済み。②は、一二二件が登録済みです。

国によって、制度に違いはありますが、多くの国（日本やEUを含みます）において、地理的表示登録の申請を行うのは生産地の生産者団体です。政府の審査を経て登録された場合、所定の生産地内の生産者は登録の際に政府に提出した生産基準を遵守する限り、登録された産地名称（地理的表示）を用いることができます。

逆に言えば、所定の生産地内で生産された産品にのみ地理的表示の使用が認められ、生産地外で生産された産品への使用は禁止されます。また、生産地内で生産された産品であっても、生産基準に適合しない場合には、使用を禁止されます。つまり、登録された場合には、産地内の生産者であったとしても、生産者は生産基準を遵守しなければなりません。

たとえば、上述のように、神戸ビーフについて言いますと、地理的表示の登録申請を行ったのは、神戸肉流通推進協議会です。そして、神戸牛については、生産地の範囲や、原料の牛の品種、飼育期間、えさの種類などの生産基準が細かく定められています。よって、所定の生産地である兵庫県内で生産を行い、原料原産地や生産方法などに関する基準を守る限り、何人も神戸ビーフという名称（地理的表示）を用いることができます※。そして、これらの基準を遵守しない牛肉が神戸牛と名乗ることは、日本全国において禁止されます。

※厳密にいえば、前提として、生産者は、農林水産省の登録を受けた生産者団体（登録生産者団体）に所属することが求められます。登録申請を行った生産者団体（申請生産者団体）は、登録生産者団体となりますが、それ以外の生産者団体が、農林水産省の登録を受けて登録生産者団体になること（追加登録）も可能です。ですので、生産地内のある生産者が、申請生産者団体の構成員とそりが合わないなどの理由で、自ら第二の生産者団体を組織し、そして、その団体が農林水産省の登録を受けることができれば、登録された地理的表示を名乗ることができます。そうした場合、たった一人の生産者でも生産者団体を立ち上げることができます。

同じように、プロシュット・ディ・パルマはEUにおいて地理的表示登録されていますが、登録申請を行ったのは、イタリアのパルマハム協会です。そして、プロシュット・

ディ・パルマについては、生産地の範囲や、原料の豚の品種、飼育期間、えさの種類、製造工程などの生産基準が細かく定められています。よって、イタリアのパルマ地方の生産者は、所定の生産地内で生産を行い、原料原産地や生産方法などに関する基準を守る限り、プロシュット・ディ・パルマと名乗ることができます。そして、これらの基準を遵守しないハムにつき、プロシュット・ディ・パルマという名称を用いることは、EU全域において禁止されています。

なお、パルマハム生産者団体は、実は日本においても日本の地理的表示法の手続きに従って、日本政府（農林水産省）を相手に登録申請を行い、登録を得ています。そのため、今日では、日本においても、パルマ産のハムのみがプロシュット・ディ・パルマと名乗ることができます。日本産ハムも、米国産ハムも、プロシュット・ディ・パルマに似た味のハムであっても、日本国内でプロシュット・ディ・パルマと名乗ることは、日本の地理的表示法において禁止されます。

商標と似たところが多い制度です。両者は、「○○ハム」、「○○ビーフ」といった、産地名称（地名＋産品名称）保護制度である点は共通します。登録制であることや、個人や個々の企業ではなく、農協などの団体が登録を出願ないしは申請する点も同じです（たとえば、

「奥久慈しゃも」は地理的表示登録されていますが、その申請は農事組合法人奥久慈しゃも生産組合が行いました）。双方とも、名称と商品とのセットで登録しますが、当局に認められ登録に至った場合には、登録名称を第三者（アウトサイダー）が無断で用いることはできなくなりますので、産地偽装対策として大変有益な制度です。

他方、両者には違いもあります。最も大きな違いは、地理的表示制度は地名を登録することを基本とするものであるところ、後述［本書第一章2］するように商標制度にあっては地名の登録には大きな制約があります。ただし、商標法には、例外的に地名の商標登録を目的とする地域団体商標という特殊な商標も制度化されています。

以下では、まず、商標制度を概観した上で、地理的表示制度と商標制度とを大づかみに比較してみます。

【参考文献】

オリビエ・トレス／亀井克之 訳『ワイン・ウォーズ：モンダヴィ事件 グローバリゼーションとテロワール』（関西大学出版部、二〇〇九年）
ジャッキー・リゴー編著／野澤玲子 訳『テロワールとワインの造り手たち』（作品社、二〇一〇年）

2　商標法と地名

まず、商標法の基本的な考え方では、地名から成る文字商標（地名＋商品名称など）を登録することは基本的には望ましくはありません。第一に、地名から成る商標には自他商品識別力がないからです。識別力とは、誰が供給する商品・役務（サービス）であるかを需要者に認識させることができる商標の本質的機能です。自他商品識別力を有さない商標は、出願しても特許庁において拒絶されます。第二に、地名は、万人が利用できるべきであり、特定人に独占させることは適切ではないからです。

そこで、商標法は、「商品の産地、販売地…役務の提供の場所…を普通に用いられる方法で表示する標章のみからなる商標」（以下、産地・販売地表示）は、登録不可と定めています（商標法三条一項三号）。

産地・販売地表示に該当するとして登録が不可とされた近年の例として、茨城県鉾田市産のバウムクーヘン（指定商品）につき、「ＨＯＫＯＴＡ　ＢＡＵＭ」（知財高裁判決二〇一六年一〇月一二日）があります。

この事件では、商標が表示する土地において実際に生産・販売が行われていましたが、そうでない場合であっても登録不可となる場合もあります。たとえば、最高裁は、日本コカ・コーラ社がコーヒーやコーヒー飲料などにつき「GEORGIA」を商標登録しようとしたことにつき、同社はコーヒーを米国ジョージア州において生産しているわけではありませんでしたが、次のように論じて、商標登録を不可としました（最高裁第一小法廷判決一九八八年一月二二日）。

「必ずしも当該指定商品が当該商標の表示する土地において現実に生産され又は販売されていることを要せず」、「需要者又は取引者によって、当該指定商品が当該商標の表示する土地において生産され又は販売されているであろうと一般に認識されることをもって足りる」。そして、「GEORGIAなる商標に接する需要者又は取引者は、その指定商品であるコーヒー、コーヒー飲料等がアメリカ合衆国のジョージアなる地において生産されているものであろうと一般に認識するものと認められ」る。

他方、地名から成る商標の登録が全く不可能なわけではありません。産地・販売地表示に該当するか否かは、需要者・取引者の認識を基準に判断されますので、実在の地名であっても、需要者・取引者に産地・販売地表示としての認識が生じない商標であれば登録できます。たとえば「富士」は、フジフィルム社が写真器具などについて、富士電機社がアイロンなどについて、ＳＵＢＡＲＵ社が便所ユニットなどについて、それぞれ商標登録を得ています。

3　地域団体商標など

商標法ではそのほかにも、地名を商標として登録するための選択肢があります。①図形入り商標の登録、②使用による識別力獲得、③地域団体商標の登録です。

第一に、①特徴のある図形が付加されていれば（文字＋図形の商標であれば）、図形部分により他人の商品から自己の商品を識別できるため、登録が可能となります。「宇治茶」（図1。一九九五年登録、京都府茶協同組合）がその例です。

しかしながら、他人が、文字部分はそのままに図形部分だけを変えた商標を使用する場合、原則として商標権侵害とは判断されません。よって、図形入り商標を登録しても、他人の便乗使用を阻止できないことが多いのです。

第二に、②産地・販売地表示であっても、「使用をされた結果需要者が何人かの業務に係る商品又は役務であることを認識することができるものについては…商標登録を受ける」ことができます（商標法三条二項）。そして、ここに言う「認識」とは、全国レベルでの知名度を獲得したことをいうと解されています（特許庁『商標審査基準』）。なお、この場合には図形は不要で、文字のみで登録できます。

しかしながら、全国的な知名度を獲得するのは容易なことではありません。たとえば、夕張メロンですら、三条二項の適用が認められるのは容易ではありませんでした。夕張メロンの生産開始は一九六〇年ですが、その後ほどなく「夕張メロン」と称する類似品が市場に出回り始めました。夕張市農協は当初は図形入り商標を登録し（一九七七年）、その後、文字のみでの商標登録を試みましたが、三条二項の要件を満たさないとして二度拒絶され、三度目の出願（一九九三年）でようやく登録に至りました。

図１

また、上記［本書第一章2］の鉾田市産バウムクーヘンについては、幾つかの品評会で輝かしい受賞歴がありますが（二〇一一年にベルギーで開催された世界三大大会の一つ「モンドセレクション」では金賞を受賞しています）、知財高裁は、「商標を使用した商品の販売期間、販売量、マスメディアに取り上げられた回数等は明らかではなく、使用をされた結果、自他識別力を獲得するに至ったと認めることはできない」と論じて、文字のみの商標を登録不可と判決しました。

こうしたわけで、①②ともに容易には登録できないという難点があります。そこで、二〇〇五年の商標法改正（二〇〇六年施行）により導入されたのが、③地域団体商標です。

地域団体商標とは、「地名＋商品・サービス名称」につき、隣接都道府県に及ぶ程度の知名度があれば登録が認められます。つまり、①とは異なり、図形との組合せは不要ですし、②とは異なり、全国的な知名度は不要です

ただし、商標に含まれる地名が表示する地域が、商品の生産地であることや、商品と一定の関係（「密接関連性」）を有することが求められます（商標法七条の二第二項）。『商標審査基準』によれば、生産地とは、農産物については生産された地域、水産物については水揚げ・漁獲された地域です。密接な関連性がある地域とは、主要原材料の産地や製法の由来地などです。

加えて、権利の主体に関しても要件があります。地域団体商標の権利者になれるのは、法

律に基づき設立された組合（農協、漁協、森林組合、酒造組合など）・商工会・商工会議所・ＮＰＯ法人・これらに相当する外国法人に限定されます（七条の二第一項）。

そして、地域団体商標はこれらの団体が、その構成員に使用させる商標でなければなりません（構成員に加えて、団体が自ら使用することもできます）。組合等は正当な理由がなければ地域の同業者の加入を拒否できないため、地域の同業者であれば、特別の事情がない限り使用できます。また、地域団体商標は通常商標とは異なり譲渡と専用使用権（ライセンスを受けた者が、商標を独占的に用いる権利）の設定は不可であるため、地域の同業者以外はこれを用いることができません。

図２

さて、前述のように、京都府茶協同組合は、宇治茶につき元来は「文字＋図形」で商標登録を得ていましたが、二〇〇五年の法改正後、地域団体商標を出願し、二〇〇七年に登録に至っています。しかしながら、「ＨＯＫＯＴＡ　ＢＡＵＭ」は、団体による出願ではなく単独の企業が出願したものであり、地域団体商標の登録を得ることはできないため、商標登録のためには、図形と組み合わせるか、全国的な知名度を獲得することを気長に待つかのいずれかしかないと思われます。なお、ＨＯＫＯＴＡ ＢＡＵＭの出願人は二〇一〇年に、図2の図形入りの商標を登録しています。

4　地理的表示と商標の相違　登録要件に関して

ここからは日本の地理的表示と地域団体商標を比較して、両者の要件と効果の相違について、大づかみに考えてみます。

まず、大まかに言って、地理的表示は地域団体商標に比して登録要件が厳格です。

地理的表示制度にあっては。①産品に特性があり、その特性が生産地に帰せられるものであることが要件となります。一言で言って、産品が、生産地に起因する特性を持つことが登録の要件です。そのため、生産者団体は、「火山灰土壌のため他地域に比べて糖度が高いこと」や、「地域伝来の方法により魚を処理するため、通常より鮮度が高いこと」などを示す必要があります。つまりただ単に、おいしい、香りが良いというだけでは不十分であり、そのおいしさや香りの良さが生産地に起因するものでなければなりません。②登録申請に当たって、生産者団体は明細書を政府に提出し、その中で、生産地の範囲や各種の生産基準を定めることが求められます。

これに対して、地域団体商標制度にあっては、上述［本書第一章3］のように、密接関連性という要件が求められますが、この要件はそれほど厳格なものではなく、①現に生産地で生産していること、原材料の生産地であること、生産方法の発祥地であることといった事実があれば十分であり、生産地ゆえの特別の品質などは登録要件として不要です。要するに地理的表示ほどには、産地との強い関係が求められません。そして、②生産基準を定めるか否かは生産者団体の自由であり、法律上の義務ではありません。地理的表示の登録要件については、後に詳しく考えることにします。

5　地理的表示と商標の相違　登録の効果に関して

さらに、地理的表示は、商標に比して保護もより強力です。

地理的表示制度にあっては、生産基準を遵守しない産品（産地偽装を含む）への地理的表示の使用は不正使用として禁じられます。そして、不正使用に対しては、農林水産省が使用停止を命令します。命令違反に対しては刑罰が科されます。不正使用に対して、生産者団体が民事訴訟を提起できるかについては、地理的表示法には明文の定めはありませんし、その例も二〇二二年11月末時点ではまだないと思われます（高倉成男名誉教授（明治大学名誉教授）は、不正競争防止法などに基づく提訴は可能であろうと述べています）。

他方、商標にあっては、不正使用に対しては、生産者団体が民事訴訟を提起し、損害賠償・差止めを請求することが基本です。なお、既に地域団体商標として登録されている名称を、地理的表示として登録することも可能です。その場合、いわば二重の保護を受けますので、不正使用に対しては、商標法に基づいて損害賠償と差止めを請求できるほか、農林水産省による取り締まりもなされます。

また、地理的表示は、商標に比して、不正使用の範囲が広く定められています。夕張メロンは地理的表示登録されていますから、生産地（北海道夕張村）外で生産されたメロンや、夕張村産のメロンであっても生産基準を遵守していないメロンについては、①「夕張メロン」という名称の他、たとえば、②「夕張タイプメロン」や、③「夕張風メロン（帯広産）」といった表示も禁止されます。②③のような表示は、地理的表示法において類似等表示と称されています。

①は登録名称そのものですから第三者による使用が禁止されるのは当然です。これに対して、②③は登録名称に似てはいますが、消費者をだましたり、消費者を誤認させたりするわけではありません。にもかかわらず、地理的表示法では禁止の対象となります。

対照的に、商標法では、買い手が、模倣品を本物と誤認するおそれがある場合に不正とされるのが基本です。

地理的表示法がこのように厳格な態度をとるのは、②③のような表示を放置することによって、夕張メロンという貴重な産地名称が普通名称化してしまうことを阻止するためであると考えられます。薩摩芋や、小松菜がそうであったように、産地名称は有名になればなるほど、一つの商品カテゴリー全体を指し示す名称になりがちであるからです。

農林水産省は、以上の仕組みに基づいて対応することで、普通名称化をかなりの程度阻止できるという自信を持っているようであり、林芳正農林水産大臣は次のように述べています。

「地理的表示の登録の効果として、生産地との結び付きが認められない模倣品については、地理的表示の使用が禁じられることになるため、登録された名称が登録後にその地域との結び付きを失って普通名称化する余地は乏しいものと考えております。国としては、登録を受けた地理的表示が普通名称化することのないよう、違反事例について、責任を持って取り締まりを行うこととしております。」

かくして結論的なことを言いますと、地理的表示は、政府から直接保護され、かつ、普通名称化阻止の機能を強く持つと言うことができます。

なお、関連して付言しておくべきことがあります。上述のように、地理的表示登録を申請する生産者団体は明細書を定めますが、それだけではなく、団体所属の生産者が明細書に従って生産を行うよう、指導、検査を行う必要があります。

具体的には、生産行程の手順を定め、この手順を遵守するよう生産者を指導するとともに違反に対しては是正を求める必要があります。これを生産行程管理業務と言います。商標制度には見られない仕組みです。そして農林水産大臣は、生産者団体が生産行程管理業務を適切に行っているかを定期的に立入検査することになっていまして、適切な管理業務が行われていない場合には、最終的には、地理的表示登録の取消しもあり得ます。「令和元年度　国内外における地理的表示（ＧＩ）の保護に関する活動レポート」によれば、二〇一九年度は八

○団体に対して立入検査が実施され、不適切な管理が八件確認されました。

以上の他にも、地理的表示と地域団体商標には相違がありますが、主な相違点をまとめますと左の表のようになります。

さて、以上の説明は、他国の地理的表示法にも概ね妥当します（特に、ＥＵの制度は日本の制度に似ています。日本はＥＵをお手本としたためです）。もちろん国により制度設計の違いもありますが、日本以外の多くの国々が、地理的表示法と商標法の双方を制定しています（加えて、多くの国々が地域団体商標制度を持っています）。そして、概して地理的表示は商標に比して登録のハードルが高く、保護が強力であるため、世界的には、地域ブランドのための制度としては最も格が高いものと見なされていると考えてよいと思われます。

	地理的表示	地域団体商標
所管	農林水産省	特許庁
名称	地域を特定できれば地名を冠する必要なし。※	地名を冠する必要あり。
品質管理	生産者団体は、生産基準を遵守するよう	生産者団体の対応は任意。政府も関与し

	生産者を管理し（生産行程管理業務）、政府は管理状況を定期的に確認する。	ない。
保護の期間	無制限。取消されない限り権利が存続（更新は不要）。	登録から一〇年間（継続のためには更新・費用が必要）。
ブランド化の程度	伝統性（概ね二五年の継続的な生産）が登録要件の一つ［本書第三章21を参照］。	周知性（近県などで知られていること）が登録要件の一つ。
保護の対象	農林水産物等。※※	全ての商品・サービス。
保護の範囲	「種類、型、様式、模造品」などの表現を伴う場合でも違法。買い手が、模倣品を本物と混同するおそれがなくとも違法。※※※	買い手が、模倣品を本物と混同するおそれがある場合に違法。

※　「いぶりがっこ」（秋田県）、「すんき」（長野県木曽郡木曽町など）などの登録地理的表示の例がある。生産地を特定できる名称であれば地理的表示たり得る。故に、地名を含まない名称であっても、生産地を特定できるものであれば差し支えない。

※※　本書第二章8にて詳述している。

※※※　登録名称が「〇〇カステラ」であって、模倣品に「〇〇風カステラ」などと表示する場合、地理的表示登録

であれば一律に違法。商標登録であれば合法か違法かはケースバイケース。

なお、地理的表示登録された場合、産品にはマーク（図3）を貼付することができます。貼付するか否かは任意ですが、このマークが貼付されていれば、登録済みであることが一目瞭然となります。登録されていない産品にこのマークを貼付することはできません。このマークを不正に使用した場合は、罰則が科されます。

図3

以下では、地理的表示制度について、登録手続、登録要件、生産地の画定といったテーマごとに、具体的な事例に即して、考えてみます。

【参考文献】

高倉成男「地理的表示制度の運用の現状と課題」明治大学法科大学院論集二三巻四一頁（二〇

二〇年）。

6　地理的表示の登録手続

さて、地理的表示登録を申請するのは生産者団体です。地理的表示法における生産者団体とは、生産者を直接の構成員とする団体に加え、生産者団体を構成員とする団体（生産業者を間接の構成員とする団体）も含みます。生産者を構成員とする団体であれば、法人格の有無は問われません。

また、生産者とは「生産を業として行う者」と定義されており（地理的表示法二条四項）、産品が「出荷」されるまでの一連の行為のうち、生産（産品の特性を付与・維持するために行われる行為）を行う個人・法人で、農家、漁業者、農産加工業者、水産加工業者、食品製造業者などが該当します。

繰り返しになりますが、生産者団体は、登録を受けようとする産品について明細書を作成の上、政府当局（日本であれば農林水産省）に提出し、その審査を受ける必要があります。明細書には、生産地の範囲、生産基準（原料、成分、組成、生産方法など）などを定めることが求められます。

つまり、どのような産品を登録の対象とするか、どのように生産地を画定するか、どのような生産基準を定めるかなどにつき、生産者団体自身が自主的に決定することができるというわけです。ただし、農林水産省の審査において、生産地の範囲や生産基準などが不適切であると判断される場合には登録を拒絶されます。それ故、自主的に決めることができるとは言っても、法律上の登録要件の枠内で定める必要があります。

なお、生産者団体が登録申請を行う場合、当然ながらそれに先立って、生産者団体内部（団体の構成員間）において、生産基準などについて合意を形成しておく必要があります。ですので、生産者団体内で仲間割れがあると、その団体は申請を行うことはできません。

また、一つの産地内で実質的に同一の産物につき、複数の生産者団体が組織されることもあります。そうした場合は、複数の生産者団体間で合意を形成し共同で申請を行うこともできますが、団体間の合意が形成されない場合には、それぞれの生産者団体が別個に申請を行うこともできます。その場合には、個々の競合する申請につき、農林水産大臣がそれぞれに審査を行い、法の定める登録要件に適合する申請の方に軍配を上げることになると思われます。

7　干し柿における品質と結び付き

ここで、改めて登録の要件について考えてみます。登録要件についての定めは、地理的表示法二条二項二号です。

「品質、社会的評価その他の確立した特性（以下単に「特性」という。）が前号の生産地に主として帰せられるものであること。」

つまり、上述［本書第一章4］のように、地理的表示登録の要件は、①「品質、社会的評価その他の確立した特性」があることと、②その特性が生産地に帰せられるものであることです。

①の代表的なものはやはり、品質です。糖度が高い、香りが良い、歯ごたえがある、といったことです。②は、産品の品質などが生産地に起因するものであるということです。こうした産品と生産地との相関関係のことを「結び付き」と呼んでいます。そして、こうした結び付きが存在することこそが、地理的表示を単なる産地表示と区別し、知的財産の一種と

して手厚い法的保護を与えるゆえんであると考えられています。

さて、生産者団体は申請に当たって、品質や結び付きについても上述の明細書に記載する必要があります。

以下では、①品質（特性）と、②結び付きにつき、これまでに地理的表示登録された以下の五件の干し柿の明細書における記述を整理してみます。

- 「市田柿」（長野県飯田市、長野県下伊那郡ならびに長野県上伊那郡のうち飯島町および中川村）
- 「堂上蜂屋柿」（岐阜県美濃加茂市）
- 「富山干柿」（富山県南砺市内の一部）
- 「能登志賀ころ柿」（石川県志賀町）
- 「東出雲のまる畑ほし柿」（島根県松江市東出雲町上意東畑地区）

① 品質（特性）

五件とも、原料の柿の品種を指定し、原料の特徴が干し柿の特性に影響を与えていると説明していています。特性として挙げられているのは、大きさ、重量、果肉の色、糖度、食感などです。

たとえば、市田柿の明細書では、以下のような具体的な特徴をあげ、市田柿の品質を説明しています。

●「干柿としての「市田柿」のｂｒｉｘ糖度は最大六五〜七〇％にもなる」こと
●「平均二五ｇと小ぶり」であること
●「他所の干柿と比べて、市田柿は、相対的に明るい飴色の果肉（断面）であること」
●「他所の干柿と比べて、市田柿は、地肌が見えないくらい、凹んでいる部分にまで、まんべんなく肌理細かな粉で覆われている」こと。
●「他所の同種の産品に比べて「市田柿」の粉は白く、また、他所の同種の産品は薄化粧のものが多い」こと

② 結び付き

五例とも、気候条件や土壌などの自然的要因と、生産方法（手もみ、干し上げ）などの人

的要因が、干し柿の特性に影響を与えていると説明しています。
能登志賀ころ柿の明細書は、自然的要因と品質との結び付きにつき、次のように説明しています。

「生産地である石川県能登地域の気候は、日中温暖で朝夕は夏でも涼しいくらいに気温が下がるため、昼夜の寒暖差が大きく、昼間は同化養分（でんぷん）が十分に生成され、夜間は気温が低いために呼吸量が下がることから、同化養分の消耗が少なく、高糖度の原料柿を育てるのに適した条件となっている。一一月以降の平均気温は一〇℃程度（乾燥適温は一〇～一五℃）と、カキ果実を干すのに適度な外気温であるほか、生産地が能登半島の海岸部に位置しているため、海陸風が適度に吹くことで、乾燥時の果実にカビが生えにくく、黒変しにくいなど、生産地は本品種の干柿加工に適した環境と言える。」

東出雲のまる畑ほし柿の明細書の記載は以下の通りです。

「周囲を山に囲まれた標高一二〇～二〇〇mの盆地状の傾斜地にあり、四月～一〇月頃は強風の影響を受けにくく、傾斜地特有の気流により霜が降りにくいことから、同時期に行われる原料柿の栽培においては、強風による葉の損傷、春期の晩霜による若芽の損傷を避けることができる。また、土壌は粘土質が強く、保水力・保肥力に優れている一方、傾斜地のため水はけがよく柿の栽培にほどよい水分を供給できることから、…生産に適した栽培環境となっている。晩秋から初冬においては、日本海から北西寄りの冷涼な季節風が畑地区に吹き込むことにより乾燥した日が続くことに加え、盆地であるため昼夜の寒暖差が大きいことなど、天日乾燥による干柿作りに適した環境・風土を有している。」

人的要因については、「堂上蜂屋柿」の明細書は「手もみと呼ばれる技法による、果実の外側と内側の水分を均一化し、内側に水分が残らないよう仕上げることや、…稲わらのホウキで掃く方法は、伝統的な技法として生産地域で引き継がれている。堂上蜂屋柿の特性である大きさ、飴色の果肉の美しさ、上品な白い粉に覆われる外観は、この地域の気候と伝統的な技術によって生み出されている」と説いています。

その他、「富山干し柿」の明細書では、「毎年、各地域で摘果講習会、加工講習会、剪定講習会…を行い、組合員の技術向上に努めている」ことが柿の品質に影響を与えていると説いています。

8 茨城県北部地域の干し芋を巡る事情と生産地画定

ところで、自然的要因を重視するにせよ、人的要因を重視するにせよ、前提として、生産地の地理的範囲を定める必要があります。生産地の画定ができなければ、そもそも結び付きの存在を主張しようがありませんし、登録申請を行うこともできません。

ここでは生産地の画定について関係者の合意が得られなかったために、登録申請できなかった例として、茨城県の県北に位置する、ひたちなか市・東海村・那珂市（二市一村）の干し芋について考えてみます。この二市一村は全国でも有数の干し芋生産地です。

この地で農協の代表理事専務や自治体首長を歴任した先﨑千尋氏は、二市一村の冬場の寒冷な気温と乾燥した風が、干し芋作りに最適な条件であることを指摘しています。一〇〇年以上の歴史を持つ古くから続く産地であり、地元と近隣地域ではとても高い人気を博しています。地元関係者も、品質には自信があるようです。

ひたちなか市役所農政課は「紅はるかという栽培が容易な品種の登場により、全国各地で干し芋を簡単に作れるようになったし、本市でも大半の生産者は紅はるかを用いているので、原料の点での差別化は困難である」と言いつつ「品質は、県外はもちろん県内の他産地にも負けていない」と言います。

また、東海村役場農業政策課は、東海村を含む二市一村の干し芋の品質の高さにつき、「干し芋づくりは単純な作業のようではあるが、小さなノウハウの集積である。たとえば、掘り出してから加工するまでの熟成の仕方によって糖度が変わる。ふかし方にも温度や時間などにつき独特のコツがある。これらのノウハウは一朝一夕には他産地では模倣できない」と言います。

しかしながら、こうした優位性があるにもかかわらず、他の生産地との差別化のための取り組みはあまり進んでいません。上記二市一村の役所と生産者などは「ひたちなか・東海・那珂ほしいも協議会」を組織していまして、以前から、「三ツ星生産者認証制度」と称される生産者の認証制度（生産履歴の記帳、所定の衛生基準の遵守、適正表示の実施という三つの条件を満たす場合、「三ツ星生産者」として協議会が独自に認定するもの）を独自に運用してきたほか、現在、ＪＡＳ規格の取得の準備を行っていますが、地域ブランド化のための方策はあまり積極的には講じられてきませんでした。

その理由につき、東海村役場農業政策課は、「全国的に干し芋人気が高くなったのは十年ほど前から。それまではブランド化をそれほど強く意識することはなかったから」と説明しています。また、二市一村の生産量は長らく圧倒的であっただけに、他地域との競争を意識することがなかったと推察されます。

ただし、かつて、同協議会内部で、干し芋の地理的表示登録を目指したことがあったようです。同協議会関係者の匿名のインタビューによりますと、二市一村を産地として画定することについては大まかな合意を得られたのですが、名称をどうするかにつき意見が割れてしまい、登録申請には至らなかったそうです。

こうした状況につき、私（筆者）が属する研究者グループで、この地域の干し芋の地理的表示登録の可能性について考えたことがあります。そこで出された案は、以下の二つです。

①　二市一村全域を生産地とする地理的表示登録
②　自治体（ひたちなか市、那珂市、東海村）ごとの地理的表示登録

これらのうち、①については、名称の選択において合意を得ることが難しいことの他、生

産者数が数百に及ぶこととなり共通の生産基準を設けることが難しい、といった問題点が指摘されました。

②については、想定される名称の使用実績の有無やその程度がポイントになりそうです。つまり、地理的表示法においては、商標とは異なり、産地名称の全国的な知名度や、隣県に及ぶような知名度が登録要件として求められるわけではありませんが、名称から生産地と産品の特性を特定できることが求められます。それ故、地理的表示登録のために新たに考案された名称など使用実績がない名称は、たとえ名称から生産地が特定できるとしても、地域に定着しておらず、需要者が当該名称から産品の特性を特定できないため、登録が認められないことになります。ですので、これまでに、地名を冠しての売り方がなされていない場合には、産地名称を地理的表示として登録することは難しいと思われます。

【参考文献】

先崎千尋『ほしいも百年百話（いばらきＢＯＯＫＳ８）』（茨城新聞社、二〇一〇年）。

9　東海村と那珂市における取り組み

以上の事情のため、現在では、二市一村では、この地域全体を生産地とする地理的表示登録やブランド化にあまり関心がないようであり、各自治体が独自の取り組みを進めつつあります。

まず、近年、東海村役場が、「東海村の干し芋」という名称と図形を組み合わせたマークを箱に印刷し、その箱を村内の希望する生産者に配布しています。同役場農業政策課は、「東海村産であることを示す表示はこれが初めてかもしれない。今後は、東海村産であることを強調していきたいし、夕張メロンや江戸崎カボチャのように地名から商品が連想できるようになれたらよいと考えている」と言っています。このような取り組みが軌道に乗れば、将来的に、「東海村干し芋」といった名称での地理的表示登録が可能になるかもしれません。

次に、那珂市では登録商標を用いた地元産高級干し芋のブランド化が進んでいます。那珂市役所農政課は、その狙いについて次のように言います。

「三ツ星は生産者の衛生・表示基準の適合性を確認するための仕組みであって、産品（干し芋）の品質や味に対する認証ではない。そこで、当市では三ツ星とは別に、品質や味にこだわって生産品のブランド化に挑戦することにした。那珂市という比較的小さな生産地こそ挑戦しやすいと考えた。干し芋は直販が多く、地産地消の典型。ここから一歩飛び越えて、贈答用の干し芋という、新たな消費者のニーズをとらえたいと思った」。

こうした思いから、二〇一五年にブランド化の立ち上げに向けた活動が始まりました。ほどなくして水戸京成デパートのバイヤーの目に留まり、外商での販売を経て、二〇一六年には、同デパートのギフトコーナーで「ＥＰＩＳＯＤＥ ＸⅢ」（エピソード・サーティーン）と命名して販売されることになりました。

この名前は「当地の在来品種である泉一三号からスタートして以来、色々な試行錯誤を経て、現在の那珂市の干し芋があるという思いを込めて命名したもの」（同農政課）。原料とする品種は近年人気の高い「紅はるか」と、「泉一三号」です。紅はるかは栽培・加工が容易で近年、全国で広く生産されています。泉一三号は独特の食味が根強い人気を呼んでいますが、他の品種に比べて収量が少なく希少品種となっています。

主な販路は水戸市内のデパートと県内有名ゴルフ場です。販売開始以来、売れゆきは好調で、特に個包装されたものはゴルフ場における人気商品です。東京方面からの引き合いもありますが、生産量をすぐには増やせないため需要に対応できていないようです。

那珂市の意向としては、「ブランドを広めるためにはある程度の量の拡大も必要。できれば倍に引き上げたい」（同農政課）ようですが、目揃え会（地元で実施される審査会）における審査が厳格であり、出品資格がある生産者が限定されているのため、そう簡単にはいかないようです。

目揃え会では、品質に関する様々な角度からの詳細な審査基準（生産者としての基準、土づくり、栽培方法、糖度、蒸し時間、形状、食感、色合いなどの基準）に基づき、厳しい審査と選定が行われます。審査・選定を行うのは出品者、外部の専門家及び地元の消費者代表です。なお、出品資格があるのは、那珂市内の三ツ星生産者のみです。

「EPISODE ⅩⅢ」の商標を持っているのは那珂市です（商標登録は、二〇一八年）。ごく少数の優れた生産者が出品した那珂市産の干し芋のうち、審査にパスし選定されたもののみが、那珂市からこの名称・マークの使用を許されます【図4】。

こうした厳しい審査に裏打ちされた品質が評価され、「那珂市・ひたちなか市・東海村産の平均的な干し芋を大幅に上回る高値で売れており、茨城県産の干し芋の中ではここ数年は

図4

最高値《さいたかね》」（同農政課）です。また、二〇一八年と二〇一九年には、茨城県農産加工品コンクールで入賞を果たしています。

茨城県は、日本における干し芋の生産消費の中心と言えますので、県内において最も大きな成功を収めた「EPISODE XⅢ」は、干し芋に関して日本の最高級ブランドに上りつめていると評価できるでしょうし、こうした取り組みの集積は、那珂市産干し芋の人気の上昇と、将来における干し芋以外の産品のブランド化（地理的表示登録を含む）の素地にもなると思われます。

10　地域における合意形成の難しさ

無理に、広い地域を生産地とする地理的表示登録その他のブランド化を目指すのではなく、東海村や那珂市のように、まとまることができる地理的範囲の中でまとまった対応をとるというのも賢明な対応であろうと思います。

無理な合意形成や登録申請があだとなって、産地内に深刻な分裂が生じてしまうこともあります。日本では、後述［本書第三章18以下］しますが、八丁味噌の地理的表示登録を巡り深刻な分裂が生じてしまったことがあります。

また、ＥＵでは、イタリア産ラードである「ラルド・ディ・コロンナータ（Lardo di Colonnata）」につき、小規模生産者主体の生産者団体と、大手企業主体の生産者団体の双方が異なる明細書を作成し、それぞれに別途の登録申請を行ったことがあります。小規模生産者が画定した生産地は、人口約五〇〇人のコロンナータ村というごく狭い地域に限定されていました。当局は、大手企業が画定した生産地が広過ぎることと、大手企業が定めた生産方法が伝統的なものではないことを理由として、小規模生産者の申請に軍配を挙げ、二〇〇四年に正式に地理的表示登録されましたが、そこに至るまでは深刻な訴訟合戦が繰り広げられました。

明細書が定める生産基準の厳格さゆえに名称を使用できなくなった生産者が、地理的表示登録の取消しを求めてＥＵ裁判所への提訴に及んだこともあります（二〇〇一年、Ｔ－二一五／〇〇）。問題となった地理的表示は、フランス産鴨のフォアグラ「キャナール・ア・

フォアグラ・デュ・スッドウェスト（Canard a foie gras du Sud-Ouest）」です。この産品の明細書では、鴨の生産に関して年間の生産量が一農場あたり七万二千羽を越えてはならないことなどが定められたところ、この上限を遵守できずそれ故当該名称を使用することができなくなった生産者が、当該地理的表示登録の取消しを求めて欧州委員会を相手取り欧州第一審裁判所に提訴しました。同裁判所は、当該生産者の原告適格を認めずその主張を退けましたが、本件は生産基準の是非について考える上で興味深い紛争事例でした。

思うに、地元における時間をかけての調整を抜きにして、性急に登録申請のための合意形成を行おうとすれば、地域社会の中で対立が生じ得ます。生産地の画定や生産基準の如何によっては、地理的表示の使用を希望する生産者や、現時点で使用している生産者が排斥されることがあり得るからです。かといって、こうした対立を回避するために、関係者間の合意形成を優先させ安易に生産地を画定したり、生産基準において関係者間で行き過ぎた妥協を行えば、フリーライドを許すことにもなりかねません（二流三流の生産者が、価値ある名称を用いるようになるかもしれません）。また、特性や結び付きの存在が疑わしいものとなってしまいます。

そういうわけで、地理的表示の構築におきましては、合意形成が必要ではあるのですが、行き過ぎた妥協は望ましくありません。このような微妙な匙加減を要することは、地理的表示制度の宿命であろうと思われます。

そして、こうした地理的表示制度の特質のため、地理的表示の構築は時に、法的というよりも政治的な過程となるかもしれません。つまり、地理的表示の構築は、法の次元の問題のみではなく、地方レベルの社会勢力間の力関係の問題でもあり得るということです。

なお、生産地内の対立が激化した後に、何とかこれを収拾できた例もあります。

ジベッロ（イタリア）産の伝統的な乾燥ハム（塩漬けハム）の地理的表示「クラテッロ・ディ・ジベッロ（Culatello di Zibello）」を巡る争いがそれです。大企業、中小企業の双方が、生産方法に関して自らにとって好都合な基準の導入を主張した事例です。元来ジベッロ産乾燥ハムは自家消費される他は地元の少数のレストランなどで販売されるのみでしたが、一九八〇年代以降、地元の幾つかの企業により工業的な大規模生産が行われるようになっていました。こうした経緯から登録申請に当たって小規模生産者と大規模生産者の意向が対立しました。すなわち、小規模生産者は伝統的な生産方法を保持することを望んだのに対して、大規模生産者はより工業的な生産方法ことを望みました。

結局、エミリア・ロマーニャ州当局の主導の下、双方が、それぞれの生産方法に応じて二つの異なる名称を使用する、という妥協案にたどり着きました。一つ目の名称は「クラテッロ・ディ・ジベッロ」（登録地理的表示）であり、年間を通してオールシーズンでの生産が可能。もう一つは、「クラテッロ組合のクラテッロ・ディ・ジベッロ」であり、同一の地理的表示の枠内で、差別化を図るための名称です。後者ではより生産基準が厳格で、伝統的な生産方法を踏襲し工業的手法を排除することになりました。

11　登録のメリット——生産者の視点から

地理的表示の構築においては、以上のような苦労があるにもかかわらず、少なからぬ生産者が地理的表示登録を目指すわけですから、生産者は何らかの魅力を感じているのであろうと思われます。

地理的表示登録のはっきりしたメリットは、政府が、産地偽装を含む地理的表示の不正使用を取り締まってくれることと、普通名称化阻止を期待できることですが、これらについては上述［本書第一章5］しました。

生産者目線ではそれ以外の重要な関心事は、生産者目線からは、つまるところ、登録によって新しい販路を得られるか？　売れ行きが伸びるか？　価格が上がるか？　といったことであろうと思います。つまり、生産者の関心は、新しい市場へアクセスできるか、競争上のアドバンテージを得られるか、製品差別化に成功しプレミアム価格を獲得できるか、にあると思います。

地理的表示登録を受けた産品につきましては、個別的な事例研究はいくつかあります。まず、農林水産省のウェブサイト上で紹介されている成功事例を見てみましょう。

●「鳥取砂丘らっきょう」
「登録前は販売単価の乱高下があったが、登録以降、取引価格が向上・安定し、二〇二一年には過去最高単価を更に更新（一〇kgあたり七〇〇四円／二〇一七年産→九〇〇〇円／二〇二一年産）」

●「みやぎサーモン」
「［地理的表示］登録を契機として、JR東日本フーズと駅弁（押し寿司）を共同開発。仙台駅と東京駅で販売中。［地理的表示］登録により商談も円滑化し、二〇一八年にはシンガポール、二〇一九年には北米への輸出を開始。」

次に、食品に関する在京シンクタンクである、食品需給研究センターが紹介する、生産者の声をみてみます。すべて、地理的表示登録を得ている産品の生産者の声です。

●「東根サクランボ」
「二〇一九年のタイでの物販で現地の輸入業者から…東根さくらんぼを取引したいと相談をいただきました。現地ではGIが一部の流通業者の方にも認知されており、一定の強みとして評価されている。」

●「南郷トマト」
「GI登録前は模倣品が並んでいるのをよく見かけ、幾度か直接的に注意して改善しなかったものが、GI登録後はめっきり見かけなくなりました。私たちに代わって行政が規制してくれているお陰でだと思います。」

●「香川小原紅早世みかん」
「GI登録をきっかけにメディア露出が増えたことで、登録以前に比べて格段に知名度が上がり、一般的なみかんよりも価格が安定しました。二〇一九年は……なかなか糖度が上がらずに低いランクのものが多い年でした。しかし、それでも価格が大きく落ちることはなく、下げ止まりがあったように感じました。」

こうした例はＥＵでも多く見られますし、ＥＵでは、一般品に比べて、地理的表示登録された産品が平均で一・五五倍の価格になっているという調査もあります（内藤、九八頁）。しかし、これらの成功例（特に、価格の案定）が、真に、地理的表示登録を原因とするものであるかは、私（筆者）にはにわかには判断できません。

一般論としては、有名産地の産品であれば、しばしばプレミアム価格を獲得できます。たとえば、大分県の佐賀関では「関さば」と「関あじ」が水揚げされますが、その対岸、佐田岬半島でとれたサバ、アジである「岬さば」と「岬あじ」につき、東京の築地市場では、「味は関と同じだが、値段はどうしても関の方が上になる」と評価されていると言います（別冊宝島編集部、四四頁）。

こうしたことからも、生産地や産地の知名度が重要な意味を持つことは明らかです。しかし、関さばと関あじは、地域団体商標登録は得ていますが地理的表示登録は受けていません。その他にも、地理的表示登録を得ていなくともプレミアム価格を享受している産品は数多くあると思います。

マーシャ・A・エコールズ博士は、「地理的表示を用いることでどの程度の付加価値が得られるかを明らかにする実証的な研究は見られない。ただし、制度の支持者は、売り手は実質的な価格上のアドバンテージを得ていると主張しがちである」と皮肉交じりに言っています（Echols、一〇頁）。

いずれにしましても、地理的表示登録がもたらす影響（プレミアム価格の有無を含む）がどのようなものであるかは、登録された産品ごとに様々な事情があるでしょうから、一概には論じられないと思われます。ただし、地理的表示登録がもたらす影響は、地理的表示制度それ自体についての消費者の認知度に左右されるでしょうから、今後において、わが国でも登録件数が増え、できれば、国民のだれもが知るような評価が高い産品の登録件数が増えることで、制度に対する国民の認知度が上昇すれば、地理的表示登録によってプレミアム価格を得やすくなるのではないでしょうか。

【参考文献】

食品需給研究センター『まるわかりＧＩ百科２０２０』（二〇二〇年）。

農林水産省輸出・国際局「地理的表示保護（ＧＩ）制度について」（二〇二二年）。

内藤恵久『地理的表示法の解説』、（大成出版社、二〇一五年）。

別冊宝島編集部『輸入食品の真実』（宝島社、二〇〇八年）。
Echols, Marsha A. (2008), *Geographical Indications for Food Products*, Alphen aan den Rijn: Kluwer Law International.

12　登録のメリット ── 国民・消費者の視点から

その他、私（筆者）としては、国民一般や消費者にとっては次のようなメリットがあると考えています（少々楽観的すぎる見方かもしれません）。具体的には、①品質維持と品質の保証、②食料自給率上昇、③輸出拡大、④観光業の振興（生産地の知名度上昇）、⑤品種の保存、⑥地名の保全です。

①について考える前提として、地理的表示の不正使用、特に、産地偽装にはどのような問題があるのかを考えてみます。

産地名称は著名になればなるほど、多くの生産者に用いられるようになります。そうすると、普通名称化のおそれが強くなりますし、偽造、模造がはびこってしまうかもしれません。

そして、粗悪な偽造や模造がはびこり、品質が低下すれば、消費者からの信頼が損なわれます。消費者の信頼の失墜は価格の下落につながり、利益を出しにくくなれば生産者は品質水準を維持することが難しくなります。地理的表示制度はこうした負の連鎖を止め、品質水準の維持に寄与できると思われます。

また、近年、食品不安に対応し表示規制が強化されつつあり、その結果、原材料や添加物などのほか、遺伝子組換えの有無、アレルゲンの有無などの詳細な情報までもが消費者に向けて提供されるようになっています。そのことは評価すべきことではありましょうが、生産者側が正確な表示を行っても、あまりにも詳細すぎる表示となると消費者にとっては却って理解が難しくなるかもしれません。そうすると、安全性を理詰めで説明しても安心にはたどり着かないかもしれません。他方、近年多くの消費者にとって産地表示がすなわち品質や安全性に関する間接的な情報ともなりつつある、という見方があります（Echols、二九頁）。地理的表示は生産地と一定の生産履歴の保証そのものですから、消費者に手っ取り早く安心感を提供することができるかもしれません。だとすれば、地理的表示法の制定は、高品質食品と安心を求める世相に合致するものと評価できると思われます。

②については、カルビー元社長の松尾正彦氏の意見を紹介します。同氏は、地理的表示登

録により登録された食品の安全性と品質が地域住民に理解され、住民の食の地域志向が強まることを期待しています。すなわち、地理的表示への国民の認知が高まり食の地域志向が強まれば、地産地消が進み、地域社会の中での自給率が高まる。そうなれば、単純な国産信仰は影を潜め、単なる国産表示は並品のレッテルとなるが、結果的に日本全体の自給率も上昇することになる、という見方です。同氏はまた、その際、地域内での原料作物の栽培とその加工を奨励すれば、輸入原料に依存する加工食品との競争にも勝利できる、とも説いています。

こうした見地からは、輸入が多い食品ほど地理的表示登録を目指すべしという見方をも引き出せるのではないでしょうか。そうすると地理的表示制度の導入は、輸入品に押されっぱなしの国内生産者にとってはチャンス到来と考えてもよいように思えます。たとえば、別冊宝島編集部によれば、赤貝は国産品が驚くほど少ないと言います。見た目では国産かそうでないかは全く区別がつかず、原産国表示が適正に行われていることを祈るしかないようです。いずれにしましても、地理的表示登録は、日本国内の他産地と競合することの他、輸入品に対抗する上でも有益であると考えてよいのではないでしょうか。

③については、タイの取り組みに注目してみましょう。タイは日本より早く二〇〇三年に

地理的表示法を制定しました。また、タイの生産者は、欧州への食品輸出拡大を狙って、早くからＥＵにおいてもタイ産品（ジャスミン米、コーヒー）の地理的表示を登録しています〔本書第二章6で後述〕。こうした取り組みに対して、欧州の食品市場関係者はおおむね好意的で、ＥＵで地理的表示登録を得ることは欧州の消費者に好印象を与えるとみています。

ただ同時に、消費者は海外産の食品の安全性に神経質になりがちなので、タイ産品が欧州で成功するためには地理的表示登録に加えてトレーサビリティーを確保することが重要であると言っています。この意見は、日本の地理的表示産品の輸出のためには、ＩＴ技術や遺伝子技術を駆使して、トレーサビリティーを確保すること、つまり、産業界の協力を得ることと、伝統とテクノロジーとの融合を図ることがポイントになると示唆しています。

なお、輸出振興を念頭に置く場合、まずは、日本の生産者団体がＥＵその他の海外で地理的表示登録することが望まれますが、海外での登録については、日本国政府が他国との相互保護〔本書第二章4を参照〕を積極的に進めることが期待されます。

④については、わが国の産品が地理的表示登録されその評価が高まれば、国内外での生産地の知名度も向上することになります。そのことは観光業への波及効果を持つでしょう。

たとえば、イタリアのモデナは、バルサミコ酢の「アチェート・バルサミコ・ディ・モデナ（Aceto Balsamico di Modena）」、ハムの「プロシュット・ディ・モデナ（Prosciutto di Modena）」、ソーセージの「コテキーノ・モデナ（Cotechino Modena）」、ソーセージの「ザンポーネ・モデナ（Zampone Modena）」といった複数の産品の地理的表示登録に成功することで、地名そのものが、全世界に浸透しつつあります。このように、地域ブランドを育成することで地名そのものを全国、そして海外に浸透させることができると思われます。

他の例を出しますと、上述［本書第一章1］の「プロシュット・ディ・パルマ」の故郷がイタリア・パルマ地方であることは、イタリアから遠く離れた日本の一般市民でも知っています。そしてパルマという地名から、パルメザンチーズ、パルマFC（サッカーチーム）、パルマ大聖堂に代表される美しい街並みなどを連想します。パルマの人々が長い歴史の中で地名を守りつつ、様々な営みをパルマの地で繰り広げてきたからこそのことです。これから先も、パルマの人々が何らかの新しい営み（たとえば、果物・お菓子の生産、映画撮影、スポーツチームの誘致など）に着手するたびに、パルマという地名を用いることで、世界各地の人々から直ちに肯定的なイメージを得ることができることでしょう。

生産現場そのものを観光資源にすることに成功した例もあります。ロックフォール（フランス）は洞窟で天然熟成されたチーズの地理的表示として有名ですが、その産地は観光地として大成功を収めています。生産の中心地ロックフォール・シュル・スールゾン村は、人口数百人で、年間二〇万人の観光客を集めているそうです。

⑤について、たとえば「ブルー・デュ・ヴェルコール＝サスナージュ（Bleu du Vercors-Sassenage）」というチーズ（フランス）が地理的表示登録されたことをきっかけとして、絶滅の危機に瀕していた在来種（乳牛）の価値が再認識されています。

日本でも、法律制定前から、伝統野菜の地理的表示登録を推奨する農政の専門家（後藤斎元山梨県知事）の声がありました。これまでに多数の伝統野菜が地理的表示登録されていますが、伝統野菜の復権は、欧米企業の種子独占に対抗する上でも有益でしょう。

地域を代表する優良な産品が地理的表示登録されることで、①消費者の信頼を勝ち取り、また、消費視野に安心感を与え、②地域内での売り上げが増え、③輸出が増え、④産地の知名度が高まり、その産品を食べるために観光客が押し寄せ、⑤貴重な種子や生物資源の保存が図られることになれば、一石五鳥です。

最後に⑥についてです。地理的表示制度が導入された今、我々は改めて地名の重要性を認識すべきでしょう。

後述［本書結び7］しますが、たとえば宇治や栂尾は古くからお茶の生産地として有名です。地名が失われれば伝統も失われかねません。今後は、地域の歴史や伝統を無視した安易な地名の命名はあってはなりません（この点は、本書第三章2以下で再考します）。地理的表示登録により地名を保存、継承しようとする機運が高まり、地域の歴史への関心や愛着が高まれば一石六鳥です。

登録に要する費用は登録免許税の九〇、〇〇〇円のみです。たった九〇、〇〇〇円で六羽の鳥を捕獲できれば安上がりではないでしょうか。

【参考文献】

松尾正彦『スマート・テロワール：農村消滅論からの大転換』（学芸出版社、二〇一四年）。
別冊宝島編集部『輸入食品の真実』（宝島社、二〇〇八年）。
Echols, Marsha A. (2008), *Geographical Indications for Food Products*, Alphen aan den Rijn: Kluwer Law International.

13　地理的表示制度に対する批判

しかしながら、地理的表示制度に対しては批判もあります。

まず、地理的表示制度の負の側面として、名称の奪い合いという現象があります。上述の［本書第一章10］ラルド・ディ・コロンナータや、後述［本書第三章18］の八丁味噌を巡る争いなどはその最たるものですが、その他に、国境を越えて対立が生じた例を見ておきましょう。ワイン名称「トカイ（Tokaj）」を巡る対立です。

二〇〇二年のEU法改正により、イタリア産ワインには「トカイ・フリウラーノ（Tocai friulano）」という名称を二〇〇七年三月三一日以降は使用できないことになりました。同日以後はハンガリーの生産者のみが、甘口・琥珀色のワイン（ハンガリー・トカイ地方産）の名称である「トカイ」及びこれに類似する名称を使用できることとなったためです。

イタリアの生産者は提訴しましたが、EU裁判所はこの訴えを退けました（二〇〇五年、Case C-347/03）。「トカイ・フリウラーノ」とは元来は産地名称ですらなくブドウ品種の名称であり、且つ、長らく「トカイ・フリウラーノ」と称されてきたワインは、辛口の白ワインであるにもかかわらず、です。

ニューヨーク大学のアネット・カー教授は、こうした混乱を取上げて、EUの提案に沿った地理的表示保護強化は、世界中の産地名称を巡る権利関係を混乱に陥れる可能性があると批判しています。

その他によく見られる批判は、非効率でコストが過大であるという批判です。そもそも地理的表示制度は、官僚、生産者、法律家、そして場合によっては科学者をも関与させる複雑な行政機構を要します。このことは、多くの訓練された人員と財政支出を必要とします。こうした手の込んだ制度の運用コストに見合うだけの利益が本当に得られるのか、疑問とする声もありえます。

また、生産現場において、明細書所定の生産基準を遵守することは非効率によるコスト高を招きがちであると考えられます。こうした基準を遵守してこそ、生産地固有の品質・特性などが保全されるという考え方が制度設計の基本となっているゆえのことではありますが、所定の生産基準の遵守を求めることは、生産への過剰な介入と言えるかもしれません。

また、この仕組みは結果的に生産体制の固定をもたらすことで非効率を温存するだけではなく、技術革新を妨げる結果になるかもしれません。たとえば、沢庵を付けるのに漬物石でなければならないといった生産基準は現場におけるプレスの使用を阻止することになりますし、ワインを昔ながらのオーク樽での熟成を求める生産基準はワイン製造時の木製チップ使用を阻止することにつながります。しかし消費者は案外、古い製法にはこだわりはないかもしれません。むしろ、古い製法が採用されていることすら知らないこともあるかもしれません。

なお、申請の結果得られた登録を自ら放棄する生産者団体もあることを申し添えておきます。西尾茶協同組合は、厳格な生産管理から生じるコストを嫌気して、地理的表示（西尾の抹茶／二〇一七年登録）登録の取り下げを自ら申し出、二〇二〇年二月に登録が消除されました。

同組合は、「コストがかかる伝統的な栽培法に縛られ、高値販売を迫られる現状が続けば経営が苦しくなる」（時事ドットコムニュース二〇二〇年二月一四日）との判断の下、「登録を取り消した上で、よりコストのかからない製法で作った抹茶も西尾の抹茶として販売する方針」（同二月一日）であるといいます。

その他、理論的に最も重要な問題は次のようなものです。

地理的表示登録された産品は、生産地に起因する特性があることを謳い文句にしているが、ほとんどの場合、他地域でもほぼ同じ物を生産できるのではないか。地理的表示制度とは偽装された保護主義であり、神話をそれらしく見せるための仕組みに過ぎないのではないか？

こうした疑念に満ちた問いかけは、特に、英米の有識者から繰り返し浴びせかけられてきました。簡単には答えられない難しい問題です。

この点につきましては、ほんの少しだけ、私（筆者）が感じていることを後述［本書第三章21］したいと思います。

【参考文献】

Kur, Annette and Sam Cocks（2007）, "Nothing but a GI Thing: Geographical Indications under EU Law," *Fordham Intell. Prop. Media & Ent. L.J.*, 17, *pp.*999-1016.

第二章　海外における地理的表示を巡る状況と、理論的問題

1　地理的表示とＴＲＩＰＳ協定

産地名称に関する主な国際法としては、一八七三年の「工業所有権の保護に関するパリ条約」（以下、パリ条約）の他、一八九一年の「虚偽の又は誤認を生じさせる原産地表示の防止に関するマドリッド協定」や一九五八年の「原産地名称の保護及び国際登録に関するリスボン協定」などがありますが、これらの国際法は規制が緩やかであることや加盟国が少ないことなどから、国際貿易に対して特段の影響力を持つものではありませんでした。

こうした状況を一変させたのが知的財産権に関する国際協定であるＴＲＩＰＳ協定です。ＴＲＩＰＳ協定は、ＷＴＯ関連協定の一つですので、現在、世界のほとんどの国が加盟しています（約一六〇か国）。同協定は、他のＷＴＯ関連協定と同じように、ウルグアイラウン

ド（一九八六年から一九九四年。貿易に関する多数の国際協定の締結交渉や、関税の引き下げなどが討議された）の結果制定された国際協定であり、各種の知的財産権（著作権、商標、地理的表示、意匠、特許、集積回路の回路配置、営業秘密）に関する定めを設けています。

同協定中の地理的表示に関する規定は、僅か三か条（二二条－二四条）ですが、主に、EUの主導で（また、EUと米国間の対立と妥協を経て）制定に至りました。なお、産地名称や地理的表示に関しては、EUと米国は全く対極的な意見を持っています。EUは産地名称の保護を厳格化するために、地理的表示制度の世界的な強化を望んでいますが、米国はこれに反対です。世界的に有名な産地名称を多数擁するEUと、欧州からの移民により形成された米国との間の歴史に根差す対立と考えて差し支えないと思われます。

それはともかくとして、ここまで見てきたように、地理的表示制度は、産品が生産地特有の品質などを帯びていることや、所定の生産方法によって生産されたことを証明する仕組みです。そこで、ティム・ジョスリング博士などは、地理的表示制度の本質は、JAS有機認証制度などに類似する、生産履歴を証明する認証制度のようなものとらえていますが、TRIPS協定の中では、知的財産権の一種として位置づけられています。

それ故、地理的表示は著作権などの他の知的財産権と同じく、TRIPS協定上の保護対象となりますので、ＴＲＩＰＳ協定加盟国は、国内において他国の地理的表示に一定の保護を与えることが協定上の責務となります。

さて、ＴＲＩＰＳ協定では地理的表示に関して、①葡萄酒（ワイン）及び蒸留酒（スピリッツ）と、②それ以外の産品とを分け、それぞれに異なる定めを置いています。先に結論的なことを言いますと、①の方がより厳格な保護が定められています。

①の規制は、例を挙げて説明すると次のような内容です。仮に、日本国内のワイン生産者が、自身が生産したワインを「日本産シャンパン」と称して、日本国内で販売することは、ＴＲＩＰＳ協定上違法です。従いまして、日本国はＴＲＩＰＳ協定の加盟国ですので、日本国内においてこうした表示を防止するための立法措置を講じる義務を負います。消費者が、「日本産シャンパン」という表示に接した場合に生産地に関して誤認することになるとは考えられません。しかし、ＴＲＩＰＳ協定では、協定加盟国の領域内ではワインとスピリッツの地理的表示は、消費者の誤認のおそれの有無に関わらず保護対象となります。

この点につき、詳しく言いますと、ＴＲＩＰＳ協定では、「真正の原産地が表示される場合又は地理的表示が翻訳された上で使用される場合若しくは「種類（kind）」、「型（type）」、「様式（style）」、「模造品（imitation）」などの表現を伴う場合においても」（二三条一項）、ワインとスピリッツの地理的表示の使用は禁止されます（二三条）。

従って、「日本産シャンパン」のみならず「日本風シャンパン」「日本産シャンパンタイプワイン」「シャンパン（模造品）」といった表示も禁止対象です。この規制は、「～産」「～風」「～タイプ」といった言葉を付加している場合をも追加的に禁止するものであるため、「追加的保護」と称されていますが、「絶対的保護」という方がより分かりやすいかもしれません。

次に、②の規制は、例を挙げて説明すると次のような内容です。仮に、豪州国内の食肉業者が、豪州産牛肉を1)「Miyazaki beef made in Australia」、2)「Australian Miyazaki beef」などと称して販売しても、TRIPS協定上、差し支えはありません。同協定上、ワインとスピリッツ以外の産品の地理的表示に関しては、誤認のおそれが生じない限り、第三者が使用することは適法であるからです。豪州の消費者が、1)や2)の表示に接したとして、生産地を誤認することは考えられませんから、豪州の業者が、1)や2)の表示を行っても問題ないのです。よって、豪州は、この種の表示を取り締まるための法令を制定する義務を負いません。

ただし、豪州の業者が豪州産牛肉を「宮崎牛」と称して販売することは協定上、違法ですので豪州はこうした表示を禁止することが求められます。

なお、①であれ、②であれ、協定上の保護対象となる名称は、加盟国において保護されているものに限られます。ＴＲＩＰＳ協定に次のような定めがあるためです（二四条九項）。

「加盟国は、原産国において保護されていない…地理的表示…を保護する義務をこの協定に基づいて負わない」

たとえば「シャンパン」はＥＵで地理的表示登録済みですから、ＴＲＩＰＳ協定加盟国の日本もこれを保護する義務を負います。また、後述［本書第三章９］しますが「宮崎牛」は日本で地理的表示登録済みですから、ＴＲＩＰＳ協定加盟国の豪州もこれを保護する義務を負います（ただし、豪州は、宮崎牛に追加的保護を与える義務は負いません）。

その他、細かな定めが幾つかあります。たとえば、ある国（Ａ国）の国民・居住者が他国のワイン・スピリッツの地理的表示を一九九四年四月一五日前の一〇年間、又は、同日前に善意で使用していた場合には、Ａ国はその地理的表示を保護する義務を負いません。また、協定制定以前から用いられてきた既存の商標はそのまま保護されることが基本となりました。つまり、既得権を保護するということです。

加えて、ある国（A国）の地理的表示が、他国（B国）においては普通名称化している場合には、B国はこれを保護する義務を負いません。そして、A国の地理的表示がB国において普通名称化しているか否かは、B国が判断するところです。故に結局のところ、ある地理的表示が普通名称化しているか否かは、各国が自由に判断できることになります。たとえば、「神戸ビーフ」は、米国では普通名称化してしまっているという見方がありますが、この点については後述［本書第三章4］します。

【参考文献】
T・ジョスリング、D・ロバーツ、D・オーデン 著／塩飽二郎 訳『食の安全を守る貿易と規制』（家の光協会、二〇〇五年）。

2　TRIPS協定改正交渉と、EUの思惑

ところで、TRIPS協定の下では、加盟国は、ことさらに地理的表示保護のための国内法を定めなくとも何らかの国内法によって実質的に保護を実現すればよいため、各国はかな

り大きな自由度を持ち、それ故、国によって制度化の状況や保護の水準には大きな開きがあります。

米国は、商標法や不正競争防止法などの伝統的な法制度に基づく、ごく消極的な対応をしているに過ぎません。日本もまた、二〇一四年に地理的表示法を制定する以前は、酒類についてのみ地理的表示保護のための法令が制定されていましたが［本書第一章１①を参照］、酒類以外の地理的表示については、米国と同じく、商標法と不正競争防止法などを微修正することで対応してきたに過ぎません。

ＴＲＩＰＳ協定成立以来、こうした状況に強い不満を抱き、地理的表示保護強化のためのＴＲＩＰＳ協定改正交渉を主導してきたのが、ＴＲＩＰＳ協定制定当時から、世界で最も完備された制度を持ち、世界的に著名な地理的表示を多数擁するＥＵでした。

協定成立後ほどなく始まった協定改正交渉の論点は多岐に渡りますが、ＥＵの狙いは二つに集約できます。

一つは、ワイン・スピリッツ以外の産品に対する保護水準を、ワイン・スピリッツ並みに引上げることです。つまり、ワイン・スピリッツ以外の産品にも「追加的保護」を及ぼし、誤認を招かないような地理的表示の使用をも禁止するというわけです。こうなると、あらゆる産品に対して、一律的に高い水準の保護が与えられることになります。

もう一つは、ＥＵ域外の生産者による欧州固有の地理的表示使用を阻止すること、いわば「失われた地理的表示」を取り戻すことです。これには、二つの側面があります。

第一は、世界各地で普通名称化してしまっている欧州の地理的表示に対する独占権を回復することです。つまり、欧州の地理的表示につき、他国での普通名称としての使用を阻止することです。第二は、商標権に対する優位を確保することです。

つまり、もし米国で「プロシュット・ディ・パルマ」が普通名称化しているのであれば、米国における普通名称としての扱いをやめさせる。そして、米国でプロシュット・ディ・パルマという名称を含む商標が登録されていたとしても、米国においてプロシュット・ディ・パルマを地理的表示として登録することを可能にすることです。

ＥＵの主張に対して、米国は強く反対します。米国のみならず、新大陸諸国の多くもＥＵの主張に反対することが多いです。これらの国々では、嘗ての欧州からの移民が、移民先に彼らの出身地（欧州）の地名を付けることが良くありましたし（ニューハンプシャー、プリマス、ボストンなど。ハンプシャー、プリマス、ボストンは、もともとは英国の地名）、また、移民先で生産した産品に欧州の産地名称にちなんだ名称を用いることもよくありました。

たとえば、米国企業ミラー（Miller Brewing Company）は、シャンパンというフランスの由緒ある地理的表示を平然と、自社が生産するビールの商品名称に用いています。「ＭＩＬＬＥＲ ＨＩＧＨ ＬＩＦＥ‐ＴＨＥ ＣＨＡＭＰＡＧＮＥ ＯＦ ＢＥＥＲＳ」。つまり、「シャンパン・オブ・ビールズ」という大胆極まりない商品名称です。

移民先の米国国内でその出身地名を商標登録してしまうことすらあります。たとえば「バドワイザー（Budweiser）」は、チェコ・ブドヴァイス地方産ビール「ブドヴァイゼル（Budweiser）」に由来します。

ＥＵ（欧州委員会）は「パルメザン（Parmesan）」はイタリアの地理的表示であると力説しますが、（厳密に言いますと、ＥＵは、パルメザンは、イタリア・パルマ地方産チーズ「パルミジャーノ・レッジャーノ（Parmigiano Reggiano）」の英語や独語などにおける訳語であると主張しています）米国は聞く耳を持ちません。米国企業は堂々と、自身の製造するチーズをパルメザンと称して販売しています。また、ウィスコンシン州チーズ製造協会常任理事は、米国の国会議員を相手に、「ＥＵはわれわれから名詞の使用を奪おうとしている。」「彼らは自分たちの（チーズ）名称を盗み返すことで貿易に対する新しい障壁を築こうとしている」と述べ立てているそうです（ボーウェン、二一五頁）。

こうした状況ですので、ＥＵから説教されて、米国が素直に、はい、そのようにします、などと言うわけがありません。

シャンパンという名称を用いるなという要求は、米国の目線からは、商標という私有財産の没収に他なりません。また、仮に、米国内でパルメザンという名称を使用できるのはイタリア産チーズのみということになれば、これまで、米国企業が営々とした努力で作り上げてきたパルメザンの市場（粉チーズ市場）をそっくりそのままイタリア企業に献上することになります。

要するに、米国にとっては、ＥＵの主張は、自国権益を失わしめる危険を孕んでいますから、おいそれと同調するわけにはいきません。このため、ＴＲＩＰＳ協定成立から約三〇年がたとうとしていますが、改正はいまだ実現していませんし、その見通しもまったく立っていません。

【参考文献】

サラ・ボーウェン／小澤卓也・立川ジェームズ・中島梓 訳『テキーラとメスカル　同じ起源をもつアガペ・スピリッツ』（ミネルヴァ書房、二〇二一年）。

3　パルメザンと日米欧の立場

ところで、ＥＵにとっては、パルメザンは象徴的な産地名称であるようであり、その権利関係をどのように調整するかが、たびたび国際交渉の中で主要な論点の一つとなっています。

まず、ＥＵでは「パルメザン」それ自体は登録地理的表示ではありません。欧州委員会は、パルメザンは登録登録地理的表示である「パルミジャーノ・レッジャーノ（Parmigiano Reggiano）」（イタリア・パルマ地方産チーズ）の英語・フランス語・ドイツ語などの幾つかの言語における訳語であると考えています。ＥＵの裁判所は、訳語に当たると認定したことはありませんが、パルメザンという名称はパルミッジャーノ・レッジャーノという名称に類似するという立場です。両者は、発音も、スペルも、大きく異なるようにみえますが、地理的表示法では、類似の範囲を広くとらえるため、ＥＵ裁判所判決においては、二つの名称には類似性があると判断されました（二〇〇八年二月二六日判決、Case C132-05）。それ故、登録地理的表示である「パルミジャーノ・レッジャーノ」に加えて、「パルメザン」もＥＵ全域で保護対象となっています。

そして、ＥＵはしばしば他国に対して、「パルミジャーノ・レッジャーノ」のみならず、「パルメザン」をも、当該他国の国内においても保護対象にするよう求めていますが、「パルメザン」という名称は世界的に粉チーズの名称として定着していますので、多くの国々から反対を受けています。日本も、二〇一八年署名（二〇一九年発効）の「経済上の連携に関する日本国と欧州連合との間の協定」（以下、日ＥＵ経済連携協定）に基づき、「パルメザン」を日本国内では保護対象とはしないことを取り決めています（非パルマ産チーズに「パルミジャーノ・レッジャーノ」と銘打って日本国内で販売することは禁止されますが、「パルメザン」は自由に使用できます）。

日ＥＵ経済連携協定における「パルメザン」の扱いに対しては、米国の政府や関係者も興味津々であったようであり、全米生乳生産者連盟などの米国の三つの酪農・乳製品団体が二〇一七年九月二八日に斎藤健農林水産大臣に「パルメザン」を保護対象外にするよう要求する書簡を送ったと報じられています（日本農業新聞二〇一七年一〇月三日）。

【参考文献】

荒木雅也『地理的表示法制の研究』（尚学社、二〇二一年）。

4　二国間協定

ところで、わざわざ日EU経済連携協定などに基づき、地理的表示に関して取り決めを行うのは、日EU間で、地理的表示の相互保護を実現するためです。今日でも知的財産法制度は属地主義を基本としていますので、生産者団体がいずれかの国で地理的表示登録を得ても、その効力は、登録国国内に限定されます。

たとえば夕張メロンの生産者団体が日本国内で地理的表示登録できても、日本国内での保護を得られるだけです。日本国内だけではなく、海外での保護をも求めるのであれば、基本的には、EU、中国、インド、韓国など、それぞれの国ごとに生産者団体が登録申請を行わなければなりません。それはあまりにも面倒であるということで、二国間協定により、協定当事国双方の複数の地理的表示を一括して相互に保護するという保護の方式があります。この場合には、政府間で保護を約束し合えば相手国における保護が実現しますので、個々の生産者団体自身が、当該相手国で登録申請を行う必要がなくなり、とても便利です。そこで、日本はEUとの間で、日EU経済連携協定に基づき、相互保護を行ったというわけです。

さて、日EU経済連協定では、農産品・食料につき、日本の四八の地理的表示産品とEU

の七一の地理的表示産品が日本とＥＵにおいて相互に保護されることになりました。酒類については、日本の八産品とＥＵの一三九産品が相互に保護されることになりました。

協定発効後に、日ＥＵの合意により保護対象の産品を追加することもできます。具体的には、二〇二一年一月の日ＥＵ間の取り決めで、双方が毎年二八件まで自国地理的表示を相互保護の対象に追加できることを決定しました。これを受けて二〇二一年二月一日に保護産品が追加され、日本の二五品目、ＥＵの二一品目の地理的表示につき新たに保護が始まっています。

相互保護の成果はさっそく出ています。『令和元年度国内外における地理的表示（ＧＩ）の保護に関する活動レポート』によれば、南米産牛肉を、メニューなどで「ＴＲＯＰＩＣＡＬ ＫＯＢＥ ＢＥＥＦ」と表示していたスペインのレストランに対し、「神戸ビーフ」（日本の登録地理的表示で、ＥＵとの相互保護の対象）の不正使用にあたるおそれがあるとして、是正のための措置をとるよう日本側からＥＵ当局に要請した結果、問題の表示が中止されたとのことです。

このように地理的表示を巡る国境を越えた対立を解決するためには、しばしば二国間の合意や協定が利用されます。こうした手法にはかなりの歴史があり、古いものでは、一九一四年に、英国とポルトガルとの合意に基づき、英国において、ポルトガル産ではないワインに「ポート」ないしは「マデイラ」という名称を用いることは、虚偽表示とみなされると取り決められたことがあります（英国・ポルトガル通商条約法、Anglo Portuguese Commercial Treaty Act）。

近年では、数十や百数十に及ぶ名称を対象とする二国間・多国間協定が締結されることもあります。この手法をとりわけ多用しているのはＥＵであります。

直近では、中国との間で、二〇二一年にそれぞれの一〇〇品目の地理的表示につき、相互保護を行うことが取り決められました。ＥＵ側の品目としては「パルミジャーノ・レッジャーノ」や「コンテ」（フランス・フランシュコンテ地方産チーズ）が保護対象となっています。よって中国では、「Parmigiano Reggiano」とその中国語の訳語「帕马森雷加诺」や、「Comté」とその訳語「孔泰」が保護されることになります。

さて、品目ごとに整理しますと、ＥＵは以下のような国々を相手に二国間協定を締結しています。

●ワイン↓　豪州（二〇〇八年）、米国（二〇〇六年）、南アフリカ（二〇〇二年）。

●スピリッツ↓　南アフリカ（二〇〇二年）、メキシコ（一九九七年）、米国（一九九四年）。
●ワイン及びスピリッツ↓　ボスニア＝ヘルツェゴビナ（二〇〇八年）、アルバニア（二〇〇六年）、カナダ（二〇〇三年）、チリ（二〇〇二年）。エフタ諸国＝アイスランド・リヒテンシュタイン・ノルウェイ（一九九四年）
●農産物↓　アイスランド（二〇一七年）。
●農産物、ワイン及びスピリッツ↓　中国（二〇二一年）、ベトナム（二〇二〇年）、シンガポール（二〇一九年）、日本（二〇一八年）、アルメニア（二〇一七年）、カナダ（二〇一六年）、南部アフリカ開発共同体［ボツワナ、レソト、モザンビーク、ナミビア、南アフリカ、スワジランド］（二〇一四年）、ウクライナ（二〇一四年）、コロンビア・エクアドル・ペルー（二〇一六年）、コスタリカ・エルサルバドル・グアテマラ・ホンジュラス・ニカラグア・パナマ（二〇一二年）、モルドバ（二〇一二年）、ジョージア（二〇一一年）、韓国（二〇一一年）、セルビア（二〇一〇年）、モンテネグロ（二〇〇七年）、スイス（一九九九年）。

以上は、非営利団体である国際地理的表示ネットワーク機関（Organization for an International Geographical Indications Network）のウェブサイトに掲載されているデータを整理したものですが（二〇二一年三月三日現在のデータ）、こうしてみると、ＥＵの熱心な取り組みぶりには驚かされます。上述［本書第二章２］のように、ＥＵはＴＲＩＰＳ協定の改正交渉には失敗しましたので、二国間協定を多数締結することで、自身の地理的表示保護強化を実現しようとしているのであろうと思われます。

なお、日本の相互保護の相手方は、農産物・飲食料品についてはＥＵの他、英国のみです。英国との相互保護は、英国のＥＵ離脱に伴い新たに締結された日英間の協定に基づくものです。

次に、酒類については、ＥＵと英国の他は、メキシコ、チリ、ペルー、米国との間で相互保護を実施していますが、後四者との相互保護は、以下のように、ごく少数の酒類のみを対象とするものです。要するに、相互保護の相手方の数においても、相互保護の規模においても、日本はＥＵに遠く及びません。

●メキシコとの相互保護
○日本…「壱岐」、「球磨」、「薩摩」、「琉球」［すべて、スピリッツ］
○メキシコ…「テキーラ（Tequila）」、「メスカル（Mezcal）」、「ソトール（Sotol）」、「バカノ

ラ（Bacanora）」、「チャランダ（Charanda）」［すべて、スピリッツ］

●チリとの相互保護

○日本…薩摩［蒸留酒］

○チリ…「チリ産ピスコ（Chilean Pisco）」［スピリッツ］

●ペルーとの相互保護

○日本…「壱岐」、「球磨」、「薩摩」、「琉球」［すべて、スピリッツ］

○ペルー…「ピスコ・ペルー（Pisco Peru）」［スピリッツ］

●米国との相互保護

○日本…「山梨」［ワイン］、「日本酒」［清酒］、「北海道」［ワイン］

○米国…「バーボン・ウィスキー（Bourbon Whisky）」、「テネシー・ウィスキー（Tennessee Whisky）」［すべて、スピリッツ］

5　コーデックス規格と地理的表示

さて、ＥＵは、自身が主導したＴＲＩＰＳ協定改正交渉が進展しなかったため、次善の策として二国間協定の推進に動いたわけですが、EUはこの流れの中で、コーデックス規格が制定されているチーズ名称をも、地理的表示として登録してしまいました。

コーデックス規格とは、国連食糧農業機関（FAO）と世界保健機関（WHO）により設置されたコーデックス委員会という政府間機関（二〇一三年一一月時点で一八五か国・地域が加盟）が定める各種食品に関する国際規格です。コーデックス委員会の加盟国がコーデックス規格の遵守を義務付けられているわけではありませんし、その他の法的拘束力はありませんが、世界的に見て食品分野では最も高い権威を持つ規格です。多くの国が自国の食品規格を定める際に参考にしていますし、コーデックス規格をそのまま自国の規格として採用する国もあるようです。

さて、コーデックス委員会では、一九六〇年代後半から二〇〇七年までに、「エダム」、「エメンタール」、「カマンベール」、「クリーム・チーズ」、「クロミエ」、「コテージ・チーズ」、「サン・ポーラン」、「ゴーダ」、「サムソー」、「ダンボー」、「ティルジッター」、「チェダー」、「ハヴァティ」、「プロヴォローネ」、「ブリー」、「モッツァレラ」という計一六のチーズにつき規格が制定され、各々につき、色彩・形・製造方法・添加物・衛生・サンプリングの方法などが定められています。

これらの名称のほとんどは、元来は欧州の産地名称でした。たとえば、エダムとゴーダはそれぞれオランダの村の名称に由来します。しかしながら、これらのチーズが世界中に普及するにつれ、これらの名称は生産地ではなくチーズのタイプを示すものであるという認識が支配的になり、そうした認識に基づきコーデックス規格が策定されました。その結果、たとえば、エダムやゴーダは、発祥の地であるオランダ以外の国で生産されても、コーデックス規格に適合いている限り、エダム、ゴーダと名乗り得る、というのが基本的な考え方となりました。

コーデックス規格が制定された当時は欧州諸国もこの認識に異議を唱えていませんでしたが、近年、ＥＵは、方針を転換しました。

まず、二〇一〇年に、ＥＵは、オランダの生産者団体からの登録申請に応じ、「エダム・ホラント（Edam Holland）」と「ゴーダ・ホラント（Gouda Holland）」を地理的表示登録させました。この登録申請に対しては、米国の業界団体が、エダムとゴーダはコーデックス規格が定められている以上は普通名称と考えるべきであるから地理的表示登録できないはずである、と論じて異議を申し立てました（ＥＵの制度では、普通名称化した名称は地理的表示登録できません。日本を含む多くの国も同じです）。ＥＵはこれに対して、登録名称は「エダム・ホラント」と「ゴーダ・ホラント」であるから、「エダム」、「ゴーダ」という登録名称の一部については今後も引き続き何人もEU域内において自由に用いることができる、と論じて、米国業界団体の不安を和らげる説明を行っています。

更に、その後、EUはデンマークの生産者団体からの登録申請に応じ、二〇一七年には「ダンボー（Danbo）」を、二〇一九年には「ハヴァティ（Havarti）」を地理的表示登録させました。これらの申請に対しては世界各国の政府と業界団体からの異議申立てがありましたが、EUはコーデックス規格が設けられたことは、普通名称化を意味するわけではないと論じて異議申し立てを退けました。こうなった以上は、これからはデンマーク国外、EU域外で生産されたチーズにつき、EU域内では、「ダンボー」、「ハヴァティ」と名乗ることは禁止されることになると思われます。つまり、嘗ては日本のチーズ生産者でも、コーデックス規格を遵守していれば、日本産チーズを「ダンボー」、「ハヴァティ」と称して、EUに輸出することもできていたところが、今はもうそうしたことはできなくなったということです。

さて、こうしたEUの姿勢については私（筆者）なりに思うこともあります。今日において世界的に欧州の産地名称が普及しているのは過去における植民地主義によるところも大きいのであり、二一世紀になってにわかに産地名称を取り戻そうとするのはやや身勝手ではないかと感じてしまいます。また、コーデックス規格が制定されているチーズの名称を地理的表示登録することなどは、あまりにも一方的です。とはいえ、自身の産地名称をあくまで守り通そうとする姿勢には、見習うべき点もあると感じています。

さらに言いますと、すべてがＥＵの思惑通りに進んだわけではないにしても、ＴＲＩＰＳ協定に定められた、わずか三箇条の地理的表示に関する規定（二二条－二四条）が世界中の産地名称保護のありようを激変させたことを思えば、欧州人の制度設計の巧みさには脱帽するばかりです。

6　途上国の立場

次に、途上国の概況を見ておきましょう。多くの途上国は、ＴＲＩＰＳ協定成立を受けて、地理的表示制度の法制化を進めています。また、近年では、途上国がその産品について地理的表示保護を振興する動きが多々見られます。途上国の期待はやや過剰なのではないかとも思われますが、途上国の熱い視線にも理由はあります。

第一に、ＴＲＩＰＳ協定は本質的に先進国本位の制度であるところ、地理的表示制度は同協定が定める制度の中で途上国にも恩恵を与え得る数少ない制度であること。

第二に、途上国には、一次産品の輸出に依存する国が多いため、農産品の産地名称保護に強い関心を抱きがちであること。

第三に、農業の支援のためには、通常は技術の導入、人材の育成、多額の投資などが必要となるが、地理的表示制度にあってはそうではなく、移植すべきは法制度のみであること。

第四に、地理的表示はその登録に際して、特許や商標とは異なり新規性や識別力などが要求されないため、伝統的な産品を有する国であれば保護対象を比較的容易に確保できること、などです。

なお、途上国の少なからぬ産地名称が、既に先進国の各種国内法制度の下で登録・保護対象となっていることは注目に値します。たとえば、コロンビアのコーヒー（「カフェ・ド・コロンビア（Café de Colombia）」）が、EUで地理的表示登録を受けています。この登録は、コロンビアのコーヒー生産者団体であるコロンビア・コーヒー生産者連合会からの登録申請によるものです。EU域外産品としては初めてのEUにおける登録例であり、また、コーヒーに関しては初めてのEUにおける登録例でした。

その他、EUでは、タイの「カオ・ホーム・マリ・トゥンクラーローンハイ（Khao Hom

Mali Thung Kula Rong Hai)」（ジャスミン米）、「カフェ・ドイタング（Kafae Doi Tang）」と「カフェ・ドイチャング（Kafae Doi Chaang）」（ともにコーヒー）が地理的表示登録されている他［本書一・二二を参照］、カンボジアの「カンポット・ペッパー」（胡椒）、インドの「ダージリン（Darjeeling）」（紅茶）などが登録されています。日本ではベトナムの「ルックガン・ライチ（Luc Ngan Lychee）」と「ビントゥアン・ドラゴンフルーツ（Binh Thuan Dragon Fruit）」（ともに果物）が登録されています。EU、日本への輸出を狙っての準備であろうと思われます。

こうした取り組みに対しては冷ややかな見方もあり得ます。といいますのは、一般論として、こうした取り組みが成功を得られるか否かは、地理的表示を冠する産品を購入するためにプレミアム価格を支払う意思がある消費者が輸出市場に存在するか否かによります。そうした消費者の需要は、生産者が地理的表示を登録すると同時に自動的に発生するわけではありません。輸出市場において認知度を高め、産品の魅力を伝えるためには、宣伝や販売促進のための投資が必要となります。そして競争的な市場であればあるほど、多額の投資が必要となるでしょうし、投資の回収のためにはかなりの時間を必要とするかもしれません。

神戸ビーフやシャンパンのような世界的に有名なワインでですら、販売促進と名称保護のために世界中で要する費用は相当のものであろうと思われます。途上国の無名の商品であればなおさらのことではないでしょうか。そして、途上国の政府や生産者はそもそも、地理的表示の扱いに習熟していないことが多いと思います。

なお、途上国の中には、欧州の先進国の口車に乗って、地理的表示制度を導入してしまった国もあるのではないか、と邪推されることもあります。たとえば、コートジボアールやカメルーンなどの主に旧フランスの植民地から構成されるアフリカ知的財産機関（ＯＡＰＩ）は、知的財産権に関する地域協定であるバンギ協定（Bangui Accord）を締結していますが、二〇〇八年の時点で、アフリカ産品の地理的表示はＯＡＰＩ諸国において一件も登録されていなかったそうです。ロヨラ・ロースクールのジャスティン・ヒューズ教授によれば、この協定の下で、最初に登録されたのは「シャンパン」であったといいます。

【参考文献】

Hughes, Justin（2009）, *Coffee and chocolate - can we help developing country farmers through geographical indications?*（*draft*）, prepared for the International Intellectual Property Institute, Washington D.C.

7　タイの取り組みと欧州の評価

ここで、タイの輸出のための取り組みとこれに対する欧州の評価を見ておきます［本書第一章12を参照］。タイは、自国産農林水産物・食品の高品質化と製品の差別化を図ることで、輸出競争力を高めようとしています。その背景としては、価格競争では、中国やベトナムの後塵を拝しつつあることや、世界的に高品質食品の市場の拡大が予想されることなどの事情が挙げられると思われます。そのための手段として、タイは日本に先んじて二〇〇三年に地理的表示法を制定しました。蛯原健介博士の研究によれば、二〇二〇年一月時点で、タイ国内の地理的表示として一一八件が登録されています。品目別には、野菜・果物が五七件、コメが一三件、その他食品が二二件、手工芸品が一四件（陶磁器、真珠など）、シルク・綿が一〇件、葡萄酒・蒸留酒が二件となっています。

以下では、タイの取り組みが欧州においてどのように評価されているかを概観します。そこで、欧州の食品流通関係者がタイの産品に対してどのような意識を持っているかについての研究が公表されていますので、以下ではその内容を紹介します。

この研究では、ボローニャ大学（イタリア）とウィーン天然資源大学（オーストリア）所属の研究者グループによるインタビューが実施されています。

インタビューの対象は、タイとアジアの農林水産物・食品を取り扱った経験を持つ、欧州の食品流通業（輸入業、卸売業、小売業）の実務家と研究者の計一六人。うち、イタリア人一〇人、オーストリア人五人、スイス人一人です。業種別には、流通業者が一三名（果物・野菜の専門業者が六名、専門小売店が四名、大手小売業者が三名）。三名が流通に関する研究者です。

インタビューが実施されたのは二〇一〇年の三月から六月にかけてであり、一三名は対面、三名は電話によるインタビューです。

さてインタビュー結果によれば、これら一六名の欧州の食品流通関係者は、①タイ産品の地理的表示登録について総じて肯定的であるようですが、同時に、②地理的表示登録のみでは欧州市場で受け入れられる上では不十分であると考えています。そして、③欧州の消費者にとって最も重要なのは安全性であり、地理的表示登録はその点で有益であると考えているようです。以下、①から③につき、欧州の見方を紹介します。
①　欧州の食品流通関係者は、タイ産品の地理的表示登録について概ね肯定的であること
欧州の食品流通関係者の多くは、欧州の消費者は地理的表示制度に好印象を持っているた

め、基本的に、地理的表示は差別化を図る上で有益な手段であると論じています。イタリアの流通業者は、地理的表示ラベルは、タイ商品の品質と安全性を保証する上でも有益で、市場への参入の一助となるのではないか、という見通しを示しています。

② 欧州の食品流通関係者は、地理的表示登録のみでは不十分であると考えていることとはいえ、欧州の食品流通関係者の大半は、地理的表示登録のみでは欧州市場におけるタイ産品の競争力を向上させることはできないと述べています。欧州の消費者はタイの産品に関して十分な情報や経験が無いためです。

そして、インタビューを受けた全ての欧州の食品流通関係者が強調していることは、タイの地理的表示登録産品が欧州市場で成功するためには、情報提供とコミュニケーションが決定的に重要であるということです。ある流通関係者は、タイの産品が際立った品質を持つ独特の産品であること、タイの生産者がＥＵの法令に適合する安全性を保証すること、そして、産品の正確な情報と、産品の来歴を、欧州の消費者に提供すべきことを強調しています。

要するに、欧州の消費者はタイの産品に関する知識が十分でないので、積極的な情報提供、販促活動を通して、タイの産品の独自性と品質の高さについての消費者の理解と評価を高める必要があるようです。つまり、地理的表示登録は、欧州市場における最終目標と考えるべきではなく、産品の特徴や高い品質を説明するためのコミュニケーションの第一歩と考えるべきであるようです。

関連して、タイの地理的表示登録産品が欧州で成功する上でのハードルの一つとして、欧州の消費者の国産品愛好を挙げる声がありました。そうした傾向はとりわけイタリアその他の地中海諸国において顕著であり、海外の食品の需要はごく限られているとのことです。

③　欧州の消費者にとって最も重要なのは安全性であること

ある流通関係者は、欧州の消費者にとっては安全性が最も重要であり、地理的表示が安全性を証明する上で有益であると述べています。また地理的表示の登録は、食品安全それ自体を保証するものではないが消費者の目にはそのように映る、という回答もありました。

更に、ＥＵ市場に参入する上ではトレーサビリティーの確保が決定的に重要であるという意見が多く見られ、たとえば、イタリアのマーケティング研究者は、タイの産品に関して、品質保証、生産地の保証、トレーサビリティーにつき欧州の産品と同等の水準が確保されるなら、特に果物については興味深い取り組みとなるかもしれない、という見方を示しています。

【参考文献】

蛯原健介「タイ王国における地理的表示保護制度」明治学院大学法律科学研究所年報三六号五九頁（二〇二〇年）。

Wongprawmas, Rungsaran (2012), "Gatekeeper's Perception of Thai Geographical Indication Products in Europe," *International Food and Agribusiness Marketing*, 24 (3), 185-200.

8　日本の保護対象

さて、タイにおいては、上述［本書第二章7］のように陶磁器も地理的表示法の登録対象となります。陶磁器を含む手工芸品を幅広く保護対象にしているのは、日本やＥＵと比べた場合のタイの目立った特徴ですが、アジア諸国の大半は、タイと同じように、手工芸品を幅広く保護対象にしています。

保護対象の商品については、ＴＲＩＰＳ協定では限定がありません（本書第二章12で関係する規定を紹介しています）。そのため、国によって保護対象産品の範囲に違いが生じています。そこで以下では、日本を含むアジア諸国と欧州の制度における保護対象産品の範囲を概観してみます。

まず、日本の保護対象産品を確認します。上述［本書第一章1］のように、日本では、一九九四年に酒類の地理的表示制度が創設され、二〇一四年に農林水産物と飲食料品全般を保護対象とする地理的表示法が制定されました。前者は、ワイン、スピリッツ及び清酒を保護対象としています。後者の保護対象は以下の通りです。③④については、政令で具体的な品目が指定されます。

①　食用の農林水産物
②　飲食料品（①を除く）
③　非食用の農林水産物（観賞用の植物、工芸農作物、立木竹、観賞用の魚、真珠）
④　非食用の農林水産物の加工品（飼料、漆、竹材、精油、木炭、木材、畳表、生糸）

かくして日本の保護対象は、飲食料品と、農林水産物及び農林水産物の加工品に限定されます。非食用の加工品は、農林水産物由来であることが求められるうえ、政令によって個別に指定されることを要しますので、手工芸品や工業製品一般を保護対象とするものではありません。この点は、ＥＵの考え方を踏襲したものです。

ただし、ＥＵとの目立った違いは、野菜や果物などの登録件数が多く、加工食品の登録件数が著しく少ないことです。ＥＵでは加工食品が登録件数全体に占める割合は半数程度です。農林水産省ウェブサイトの資料によれば、二〇二二年一一月一日時点で、ＰＤＯ六七四件の内、加工食品は約四〇〇件。ＰＧＩ九〇四件の内、加工食品は約四〇〇件です［ＰＤＯとＰＧＩについては、本書第二章９で後述］。

これに対して、日本では二割程度です（農林水産省輸出・国際局知的財産課にて、地理的表示法担当者に二〇二二年七月七日に実施したインタビューによります）。この点については後述［本書第三章１］しますが、制度上というよりも運用上の違いゆえのことです。

【参考文献】

農林水産省輸出・国際局知的財産課「地理的表示保護制度の運用見直し」（二〇二二年一一月一日）

9　ＥＵの保護対象

次に、ＥＵです。ＥＵの地理的表示制度はフランスから強い影響を受けていますが、フランスのワイン原産地名称保護制度の根本的な発想は、ワインの品質は生産地の土壌、気候などに強く影響される、ということです。それ故に、手工芸品や工業製品一般は保護対象ではありません。

さて、ＥＵの地理的表示制度は、農産物及び飲食料品、ぶどう酒、芳香ぶどう酒、蒸留酒の四分野それぞれにつき制定された、個々のＥＵ法令（ＥＵ Regulation、ＥＵ規則）から形成されていますが、以下、本書では、農産物及び飲食料品に関するＥＵ法令を中心に説明します。

さて、農産物及び飲食料品に関するＥＵ法令（現行法令は理事会規則一一五一／二〇一二号）は一九九二年に創設されましたが、この制度の保護対象産品は、①「人間による消費に向けられる農産品」と、②「その他の農産品及び食品」に大別されます。

①の内訳は、ＥＵ官報掲載の表に掲載されています。詳細は省略しますが、②に掲げているもの以外の、大半の食用農産品をカバーしています。

②は、ビール、チョコレート及び派生産物、パン・練り物・ケーキ・菓子・ビスケット及びその他のパン屋商品、植物抽出物から作った飲料、パスタ、塩、天然ゴム及び樹脂、練りからし、干し草、精油、コルク製品、コチニール、花及び観賞植物、木綿、羊毛、柳細工製

PDO マーク

PGI マーク

品、処理済み亜麻、皮革、毛皮、羽毛です。

なお、ＥＵの地理的表示にはＰＤＯ（Protected Designation of Origin、保護原産地呼称）とＰＧＩ（Protected Geographical Indication、保護地理的表示）という二つの形態があります。ＰＤＯであるかＰＧＩであるかによって、保護対象産品の範囲は変わりません。効力にも違いはありませんが、それぞれにマークがありますので、ＥＵの消費者には、ある産品がＰＤＯ産品であるか、ＰＧＩ産品であるかがすぐわかるようになっています。

ただし、登録要件に違いがあり、ＰＤＯは生産地との結び付きがより強く、ＰＧＩは相対的に弱いものと整理できます。一言で言って、ＰＤＯが格上です。具体的には次のような要件上の違いがあります（ＰＤＯについては理事会規則一一五一／二〇一二号 五条一項、ＰＧＩについては同五条二項に定めがあります）。

●ＰＤＯ…「その品質又は特性が、本質的に又はもっぱら、その固有の自然的及び人的要因を伴う特定の地理的環境によるものであること」が主要な登録要件。生産、加工、調整という三つの工程がすべて、指定された生産地内で行われる必要がある。また、産品の品質などが、生産地の「自然的要因」と「人的要因」に起因するものでなければならない〔本書第二章19を参照〕。

●ＰＧＩ…「その確立した品質、社会的評価又はその他の特性を本質的にその地理的原産地に帰し得ること」が主要な登録要件。生産、加工、調整という三つの工程のうち一つが指定された生産地内で行われれば十分である。また、産品の品質などが、生産地に起因することが求められるが、法文上、「自然的要因」、「人的要因」といった用語は定められていない〔本書第二章20を参照〕。

10　フランス・ポルトガルにおける保護対象産品

フランスとポルトガルはＥＵ加盟国ですが、独自に国内法レベルで地理的表示制度を設けているところ、両国の制度は、手工芸品や工業製品を保護対象としています。

フランスでは、二〇一四年の法改正により、フランス知的財産法に「工業製品及び手工芸品を保護する地理的表示」保護のための条項が付加されました（同法第二編「原産地名称」第一章「総則」第二節）。ポルトガルでは、一九四〇年からポルトガル産業財産法の下で地理的表示を保護しています。

11　アジア諸国における保護対象産品

アジア諸国の多くも、手工芸品や工業製品を保護対象にしています。特に、インドでは、手工芸品や工業製品の登録件数が圧倒的に多く、デリフィンヌ・マリーヴィヴィアン博士によれば、二〇一四年一二月時点で二三五件の登録件数のうち三分の二を占めると報告されているほどです。以下では、インドの状況を概観した上で、その他のアジア諸国の地理的表示制度における保護対象産品をごく簡潔に整理してみます。

まず、インドの地理的表示法は、同法の保護対象となる産品につき次のような定めを置いています（商品地理的表示法二条(1)(f)）。訳は、日本国際知的財産保護協会報告書（一九八頁）のそれです。

「すべての農産品、天然品又は製造品、或いは手工芸又は工業商品を意味し、食品を含む」。

すなわち、日本やEUとは対照的に、インドでは、手工芸品や工業製品も地理的表示保護の対象となっています。

加えて、同法の手続きを定める規則には、地理的表示登録される産品の商品分類が付されているところ、この分類には、自動車やコンピューターも含まれています。この点につき、日本国際知的財産保護協会報告書は、自動車やIT機器が地理的表示の保護対象となる可能性を示唆するものと分析しています。

次に、主に、東京の民間シンクタンクであるメロス・コンサルティングの報告書を手掛かりに、他のアジア諸国の状況を、ごく手短に説明します。以下にみるように、アジア諸国の多くは、手工芸品と工業製品一般を保護対象としています。

●中国…中国には地理的表示について定める法令が複数あるが、それら法令から形成される制度にあっては、保護対象産品の種類には限定がなく、手工芸品や工業製品も対象となる。

●韓国…地理的表示について定める法令二つのうち、一つは、手工芸品や工業製品を保護対象としている。

●インドネシア…手工芸品と工業製品の他、「天然物」が保護対象となる。「天然物とは、動植物及び微生物のような生物的要素のみに限らず、石油、天然ガス、鉱物各種、水及び土のような非生物的要素も含む。また、工業製品とは、中部ジャワ織やシッカ織のような原料を製品に変質させる人間の活動の産物を意味する」（メロス・コンサルティング、一二六‐一二七頁）。

●タイ…「天然物であれ、農産物であれ、販売・交換・譲渡が可能な動産」が保護対象であり、「手工芸品、工業製品を含む」（メロス・コンサルティング、一〇〇頁）。二〇二〇年一月時点で、登録地理的表示は一一八件でうち、一四件が手工芸品（陶磁器、真珠など）である（蛯原、六四頁）。

●ベトナム…グエン・フォン・トゥイ博士の研究によれば、ベトナムの場合、・・［地理的表示］の対象に関する規定がないが、ベトナムの知的財産局の解釈及び登録実績を見れば、天然物・農産物・手工芸品又は工業製品が・・［地理的表示］の対象になる」ようである（Nguyen、一六頁）。

●マレーシア…天然物、農産物、手工芸品、工業製品が保護対象。

【参考文献】

蛯原健介「タイ王国における地理的表示保護制度」明治学院大学法律科学研究所年報36号59頁（二〇二〇年）。

日本国際知的財産保護協会『諸外国の地理的表示保護制度及び同保護を巡る国際的動向に関する調査研究』（二〇一二年）。

メロス・コンサルティング『平成三〇年度主要輸出国の知財制度等実態調査委託事業報告書』（二〇二〇年）《https://www.maff.go.jp/j/kanbo/tizai/brand/b_syoku/》。

Marie-Vivien, Delphine (2016), "A comparative analysis of GIs for handicrafts: the link to origin in culture as well as nature?," in D. Gangjee (ed.), *Research Handbook on Intellectual Property and Geographical Indications*, Cheltenham: Edward Elgar, pp.292-326.

Nguyen, Phuong Thuy「地理的表示と商標登録の制度設計～ベトナムの経験から得られるもの～」中央大学博士論文（二〇一五年）《https://dl.ndl.go.jp/info:ndljp/pid/9368637》。

12　TRIPS協定における地理的表示の定義

以上みてきたように、国によって保護対象に違いが生じているのは、上述［本書第二章8］のように、保護対象の商品については、TRIPS協定上、限定がないためですが、その他の点でも、国によってその運用の考え方や保護範囲には小さくない違いがあります。こうした違いをもたらす理由は、上述［本書第二章2］のように、各国に地理的表示保護の履行方法を任せていることと、TRIPS協定の地理的表示に関する定義規定が甚だ抽象的な規定ぶりであることにあります。つまり、同協定の地理的表示規定は、加盟国に大きな裁量を与えているため、各国の自由度が高く、様々な解釈を許すことになったということです。

さて、TRIPS協定（二二条一項）における地理的表示の定義は以下の通りです。外務省による邦語訳に原文（英文テキスト）を添付します（傍線筆者）。

「この協定の適用上、「地理的表示」とは、ある商品に関し、その確立した品質、社会的評価その他の特性が当該商品の地理的原産地に主として帰せられる場合において、当該商品が加盟国の領域又はその領域内の地域若しくは地方を原産地とするものであることを特定する表示をいう」

（Geographical indications are, for the purposes of this Agreement, indications which identify a good as originating in the territory of a Member, or a region or locality in that territory, where a given quality, reputation or other characteristic of the good is essentially attributable to its geographical origin.）

この定義が、今日において、地理的表示の定義に関する、いわゆるグローバススタンダードとなっているといって差し支えありません。多くの国々が、この定義を模し、あるいは参考にして、自国の国内法における地理的表示の定義を定めています。日本の地理的表示法においてもＴＲＩＰＳ協定二二条の一節の邦語訳が、ほぼそのまま取り入れられています（この点は後述〔本書第二章16〕します）。ここで、日本の地理的表示法における定義も見ておきましょう。同法二条二項と三項です。

「二項　この法律において「特定農林水産物等」とは、次の各号のいずれにも該当する農林水産物等をいう。
一　特定の場所、地域又は国を生産地とするものであること。
二　品質、社会的評価その他の確立した特性（以下単に「特性」という。）が前号の生産地に主として帰せられるものであること。
三項　この法律において「地理的表示」とは、特定農林水産物等の名称（当該名称により前項各号に掲げる事項を特定することができるものに限る。）の表示をいう。」

ＴＲＩＰＳ協定における定義を巡る論点は、主に二つです。①「品質、社会的評価その他の特性」の意味。そして、②「地理的原産地に主として着せられる」の意味です。これらの点は、日本の地理的表示法を含む、世界各国の地理的表示法における重要な解釈上の問題でもあります。以下、①につき本書第二章13以下で、②につき本書第二章17で、考えてみます。

13 品質と特性

「品質、社会的評価その他の特性」につき、問題となるのは、品質・社会的評価・その他の特性とは何か、そして、品質と社会的評価の関係をどう考えればよいか、です。まず、品質・社会的評価・特性という概念については、TRIPS協定には何の説明もありません。しかし、世界知的所有権機関（以下、WIPO）が、二〇〇三年に詳細な研究成果を公表していますので［WIPO (2003), Doc. SCT/10/4 (25 March 2003)］、以下ではこれを紹介します。

まず、品質を示すものとして、WIPOによる研究では、原材料、物理的な特徴（形状、重量、外観など）、化学的特徴（添加物など）、微生物学的特徴（酵母、細菌の有無など）、感覚的特徴（味、香り、色など）などを列挙しています。

特性に関しては、品質と明瞭に区別されているわけではなく、品質を示すものの幾つかが、同時に特性を示すものとしても列挙されています。なお、品質と特性の相違につき、品質はどちらかと言えばより積極的な特徴であるのに対し、特性は色や歯ごたえなどのようにやや中立的なものであるとする学説もあります。

そういうわけで、品質や特性には、味や香りなどのようにある程度は主観に左右されるものも含まれますので、必ずしも客観的に測定できるものばかりとは言えませんが、少なくとも経験的に特定できるものであるとは言えそうです。

14　社会的評価の要素

品質や特性に比して分かりにくいのが社会的評価です。社会的評価と言いますのは、人々からの評判や名声のことなのでしょうが、具体的にいずれの地域の人々の認識をもって登録の要件としての社会的評価とみるべきか、また、そうした認識をどのように把握できるのか、などの点はTRIPS協定のテキストからは判然としません。そこで、ここでもWIPOの研究成果を見てみます。

WIPOは概ね、二つのことを言っています。第一のポイントは、「社会的評価は、産品の歴史、並びに産品の過去及び現在の社会的評価を基礎として説明される」こと。第二のポイントは、「地域的な社会的評価があれば、保護する根拠として十分である」ことです。

第一のポイントは、社会的評価は、産品の歴史、過去における社会的評価、現在の社会的評価という三つの要素から構成されるという見方（私（筆者）は、これを三要素説といっています）が明確にされていることです。

そして、これまでのＥＵの登録例を参考にしますならば、社会的評価の有無を判断するための具体的な指標としては、ア：現在の消費者の認知（アンケートを含む）、イ：価格水準、ウ：報道・メディアでの取り上げられ方、エ：現在・過去の受賞歴、オ：生産方法・レシピの由来や発展の過程、カ：生産を担う高度の技能者の安定的雇用・技能者への教育体制、キ：一定の生産技術、ク：生産地における産品の歴史などが考えられます。

これらのうち、アイウが考慮されるのは、現時点での大衆的な評価や認知度を重視するからです。エが考慮されるのは、消費者のみならず、玄人の評価をも重視するからです。そして、オが考慮されているのは、ある産品がある地域において一つの生産方法やレシピに基づき長期間に渡り生産され続けた事実それ自体がその地域における評価の表れとみることができるからです。カキが考慮されるのは、高度な技術や技術者・技能者もまた評価の基礎であるという認識があるからです。

そうすると、地理的表示法における社会的評価という概念は、今日の大衆的な人気、玄人の評価、産品の歴史、技術水準などから重層的に形成されるものと理解できます。

以下では、こうした点を示すEUの三つの登録産品の明細書（社会的評価に関する説明箇所）を見ておきたいと思います。

●「エステパのポルボローネス（Polvorones de Estepa）」―スペインの焼き菓子。
○約一〇〇年間に渡り明確で安定的なレシピが用いられてきた。
○一六世紀に遡る歴史が、修道院の文書庫にある文献史料によって証明できる。
○古くから、生産地において菓子職人が雇用されてきた。
○ミカエル・ルイズ・テレス（一八二四年～一九〇一年）が生産方法を完成させた。
○一九五九年に「エステパのポルボローネス」と称してマドリードで販売された。
○内外の多数のメディアに取り上げられている。
●「ダンボー（Danbo）」―デンマークのチーズ。
○ラスムス・ニールセン氏が一八九〇年代に研究を重ね、その研究をもとに独特のチーズを開発した。
○このチーズの商業的な成功を受け、デンマークの多くの業者が生産するようになった。
○「ダンボー」という名称は「ダン」（デンマーク語で「デンマーク人」の意）＋「ボー」（デ

ンマーク語で「居住者」の意)。一九五二年に命名された。

○消費者対象の調査によれば、デンマークの大半の消費者はダンボーを知っており、ダンボーからデンマークを連想する。ダンボーはデンマークで最も多く食されているチーズである。

○国内外の協議会に度々出品され、受賞歴が豊富である。

●「ハヴァティ（Havarti)」―デンマークのチーズ。

○名称は、ハンナ・ニールセン氏が一八六六年から一八九〇年にかけてチーズ生産に従事した農場の名称（ハヴァティガーデン）に由来する。

○同氏が生産したチーズはデンマークの王室御用達となった。

○ＥＵ内外でハヴァティはデンマーク起源であることが良く知られている。

○消費者対象の調査によれば、調査対象の九割のデンマーク人がハヴァティをよく知っており、八割がハヴァティからデンマークを連想するという。他のＥＵ加盟国の消費者の三分の一がハヴァティをよく知っている。

○国内外の協議会に度々出品され、受賞歴が豊富である。

次に、日本の状況を、概観してみます。これまでの登録例では、社会的評価の存在を説明するために列挙している要素は、以下のようなものです。

●皇室への献上（「越前がに」、「市田柿」、「三輪素麺」、「入善ジャンボ西瓜」など）、●受賞歴（「八女伝統本玉露」、「十勝川西長いも」など）、●生産量の多さや市場占拠率の高さ（「くまもと県産い草」、「鳥取砂丘らっきょう」、「大山ブロッコリー」など）、●他の同種の産品に比して価格が高いこと（「連島ごぼう」、「三島馬鈴薯」など）、●報道機関に取り上げられたこと（「加賀丸いも」、「大分かぼす」など）、●地元の自治体などから高級食材として認証を受けていること（「能登志賀ころ柿」、「紀州金山寺味噌」、「富山干柿」など）、●市場関係者や専門家の評価（「十三湖産大和しじみ」、「くろさき茶豆」、「万願寺甘とう」、「菊池水田ごぼう」、「つるたスチューベン」、「伊吹そば」、「物部ゆず」、「みやぎサーモン」など）など。

15 社会的評価と地域

第二のポイントは、社会的評価とは、世界的又は全国的なものである必要はなく、「地域」

的なものでよい、ということです。そうすると、「地域」とはどのような地域であるかが問題になりますが、この点については、ＷＩＰＯは論じていません。大きく分けて、生産地と消費地が想定されますが、日本やＥＵの登録例（明細書）をみる限り、ケースバイケースの判断がなされています。

まず、ＥＵでは、域外の生産地からの登録申請が多いので、その登録例を見ておきます。カンボジアの胡椒である「カンポット・ペッパー（Poivre de Kampot）」の明細書では、生産地であるカンボジアでの社会的評価よりもむしろ、輸出先（消費地）である欧州（特にフランス）における高評価を示す、次のような事項が特記されています。

●フランスの料理人からの品質に対する高い評価。
●多数の英文の旅行ガイドにおいて取り上げられていること。

次に、日本の登録例では、明細書に、①生産地における評価を記載するもの、②近隣の消費地における評価を記載するもの、③全国レベルでの評価を記載するもの、があります。以下、明細書の記載例をいくつか紹介します。

①　生産地における評価を記載するもの…「ひばり野オクラ」（秋田県）
秋田県内での取引価格が、「県内外の他産地オクラに比較して三割から五割程度高くなっており、ひばり野オクラが高い評価を得ている」と記載されている。
②　近隣の消費地における評価を記載するもの…「小川原湖産大和しじみ」（青森県）
仙台市中央卸売市場の市場関係者からの聞き取り調査の結果として、品質や品質管理に対する肯定的評価が記載されている。
③　全国レベルでの評価を記載するもの…「奥久慈しゃも」（茨城県）
全国レベルでの受賞歴があることや、ミシュランガイド東京二〇一七版において、「繊維が細かくジューシーで、歯ごたえがある」、「しっかりとした肉質で旨みが強く、香りも良い」と評されたことが記載されている。

16　品質中立主義又は品質不要主義

ここから先は、「品質」と「社会的評価」の関係について考えてみます（「特性」は、「品質」とほぼ同じ意味であると考えることにします）。

地理的表示制度の起源が、フランスのワイン原産地名称保護制度であることは上述［本書第一章1］しました。そうである以上は、生産地に起因する品質が存在する場合に、保護対象となることは当然です。問題は、社会的評価を博しているが、生産地に起因する品質の存在が認め難い場合にも保護対象たり得るか、です。今日では、これを肯定する見方が世界的に大勢を占めています。このように、生産地に起因する品質の有無がはっきりしない場合であっても保護対象としてよいとする考え方のことを、品質中立主義といいます。欧米文献で、quality-neutral と表現されていますので、品質中立主義と訳していますが、思い切って品質不要主義と言い換えるほうが分かり易いかもしれません。

それはそれとして、EUを含む多くの国々の地理的表示法においても、品質中立主義が採用されています。まず、欧州委員会が品質中立主義を採用することを公の文書の中で明言しています（後述［本書第二章23］の二〇一四年のグリーンペーパーなど）。

また、現に、生産地に起因する品質の存在を認定することなく、社会的評価の存在をもって登録された例もあります。上述［本書第二章14］の「エステパのポルボローネス」、「ダンボー」及び「ハヴァティ」がその例です。

なお、ダンボーとハヴァティの地理的表示登録時に、欧州委員会はわざわざ、品質中立主義に基づく登録であることを明言していることを付言しておきます。すなわち、欧州委員会は、ダンボーについて「生産地であるデンマークとダンボーとの結び付きは社会的評価に基づいている」と述べています。ハヴァティについては「ハヴァティのPGI登録は社会的評価に基づいて」いると述べています。

ところで、品質中立主義には良し悪しがあります。良い点は、歴史のある伝統的な産品を保護対象にすることが容易になることです。悪い点は、保護対象が際限なく広がりかねないことです。

こうした懸念から、TRIPS協定の成立当初には品質中立主義を疑問とする声がありました。おそらく、同協定の邦語訳はそうした懸念を反映していると思われます。

つまり、原文（英文テキスト）は、a given quality, reputation or other characteristic ですが、上述［本書第二章12］のように、外務省の訳は、「その確立した品質、社会的評価その他の特性」となっています。そしてこの邦語訳を踏襲する形で、日本の地理的表示法も「品質、社会的評価その他の確立した特性」（二条二項二号）という表現が採用されています。

私（筆者）は、TRIPS協定成立の時点では、協定の解釈が不明であったことを思えば、当時の外務省の訳は名訳であったと思います。しかし、今後、法改正の機会があるのであれば、日本の地理的表示法二条二項二号を改正し、「品質、社会的評価又はその他の確立した特性」という表現に変更する方がよいと思います。その方が、現行の農林水産省の法運用の方針を踏まえた表現になると思います［本書第三章21を参照］。

なお、保護対象が際限なく広がりかねないという品質中立主義の欠点に対処するためには、社会的評価を構成する要素をある程度限定する必要があると思われます。この問題に対処するために、これまで農林水産省は悪戦苦闘してきたように見えます［本書第三章10、同21を参照］。

17　結び付き

上述［本書第二章12］のように、「地理的原産地に主として着せられる」の意味は、「品質、社会的評価その他の特性」の意味と並ぶ、TRIPS協定における定義を巡る重要論点です。

「品質、社会的評価その他の特性」が「地理的原産地に主として着せられる」とは、品質などと生産地が相関関係にあることを意味します。この相関関係のことを、地理的表示法学では結び付き（Link）と称しています。

そして、既に確認したことですが［本書第一章7］、「地理的原産地」、すなわち生産地には、①自然的な特徴と、②人的・文化的な特徴があると考えられます。それ故、結び付きとは、より具体的には、産品の品質などと、①生産地の自然的要因、②生産地の人的要因との間の相関関係を意味します。つまり、品質などが①②に起因する、ということです。

なお、①自然的要因とは字義通り自然環境一般をさします。②人的要因とは、単に標準化されただけの生産の方法や手順、レシピなどのように、誰もが簡単に導入できるようなものでは全く不十分です。ある程度古くから生産地に根付いているノウハウなどで、生産地において共有されているものを意味します。

地理的表示制度はこうした考え方に基づき制度設計されていますから、登録申請に当たっては、申請を行う生産者団体は、当局に提出する明細書の中で結び付きの存在や内容を説明しなければならないことになっています。

日本では、たとえば「夕張メロン」が地理的表示登録されていますが、夕張メロンの明細書では、以下の事項を、①自然的要因、②人的要因としてそれぞれ列挙しています。

① 昼夜の気温の変化の大きさ、降水量の少なさ、水はけのよい土壌等。
② 「昭和三五年より…栽培・研究し続け培った栽培技術の蓄積」によって可能な、「栽培管理上の畑づくり、ネット発生や果実肥大等に不可欠な細やかな温度・湿度・土壌水分管理」のための技術。

さて、①と②の関係については、夕張メロンのように、「(①自然的要因+②人的要因)→品質など」が基本形でありますが、①と②の双方を必要とするか、①②のいずれかのみでもよいかについては、議論があります。

今村哲也博士の研究によりますと、TRIPS協定二二条一項は「地理的原産地(geographical origin)」という表現を採用していますが、同協定成立に先立つ一九八八年七月のEU提案では「自然的及び人的要因を含む」という文言が同条同項中に含まれていました。しかしながら、この提案は退けられ、その結果、「地理的原産地」という表現に落ち着いたという経緯があります。

ところで、元来、特に農産品に関しては①こそが、産品の特徴を規定すると考えられてきました。たとえば、WIPOは、「農産物は典型的な意味で、その生産地に起因する品質、そして、気候や土壌などの地方、地域の要因に影響される品質を持つ。それ故、全世界の地理的表示の多くが農産物、食品、ワイン、スピリッツを対象とするのは至極当然のことである」と述べています（Marie-Vivien、三〇八頁）。こうした見地から、①が②に比してより重要であることは自明とされてきました。それ故に、②のみでも、地理的表示の保護要件を満たし保護を得られるとする考え方に正当性があるかが議論されてきました。

【参考文献】

今村哲也『地理的表示保護制度の生成と展開』（弘文堂、二〇二二年）。

Marie-Vivien, Delphine (2016), "A comparative analysis of GIs for handicrafts: the link to origin in culture as well as nature?," in D. Gangjee (ed.), *Research Handbook on Intellectual Property and Geographical Indications*, Cheltenham: Edward Elgar, pp.292-326.

18　インドの地理的表示法における結び付き

この点につき結論を先に言いますと、ＥＵやインドでは、農産物や飲食料品についても、①自然的要因を欠く場合であっても、②人的要因を介して生産地と結び付けられる場合、地理的表示として保護されることがあり得ます。以下ではマリーヴィヴィアン博士の研究を参考に、まず、インドの状況を概観してみます。

インド産リキュールの地理的表示である「フェニ（Feni）」がその例です。フェニの明細書では、その結び付きは、専ら、蒸留に関する地元生産者のノウハウという人的要因に依拠しており、自然的要因は重視されていません。

さて、こうしたことが問題になるのは、特に手工芸品や工業製品です。手工芸品などは、ノウハウやスキルのような人的要因を介して、一定の地域と結びつくことが通例です。そして、相対的に自然的要因との結び付きは希薄であることが大半であると思われます。手工芸品につき自然的要因との結び付きを説明しようとするならば、多くの場合、原料が生産地から産出されることを手掛かりにすることになると思われますが、インドにおいて地理的表示登録された手工芸品の明細書における説明では、そもそも原料原産地について全く言及がないこともあるようです。

たとえば、「コナーラクの石の彫刻（Konark stone carving）」の場合、原料の石材につき、石材の組成については明細書に定めがありますが、石材の原産地については定めがないそうです。また、「マイソール（Mysore）のシルク」が今日博している高評価は、主に、かつてマイソール王国で生産されていた絹糸の品質の高さによるにもかかわらず、明細書では絹の生産地については全く言及がなく、絹糸の品質に関する基準や、絹糸の製法を明記するにとどまっているといいます。

【参考文献】

Marie-Vivien, Delphine (2016), "A comparative analysis of GIs for handicrafts: the link to origin in culture as well as nature?," in D. Gangjee (ed.), *Research Handbook on Intellectual Property and Geographical Indications*, Cheltenham: Edward Elgar, pp.292-326.

19　ＥＵにおける結び付き――ＰＤＯ

次に、以下ではＥＵにおける結び付きに関する考え方を探るために、ＰＤＯとＰＧＩに分けて整理することにします。上述［本書第二章9］のように、ＰＤＯはＰＧＩに比してより生産地との結び付きが強く、地域ブランドとして格上の産品であると考えてください。

まず、ＰＤＯとして保護される上では、基本的には①自然的要因と②人的要因の組み合わせが必要であると考えられますが、特に、初期の登録例を見ますと例外もみられます。登録された産品の明細書（結び付きに関する項目）を見ると、ごく少数ではありますが、①②のいずれかについてしか説明されていないものもみられます。以下では、英国のＰＤＯの中からそうした登録地理的表示をいくつか挙げ、その明細書の内容を概観してみます。

●「イースト・ケント・ゴールディングス（East Kent Goldings）」
エールやビールの醸造に使用されるホップ。自然的要因として、ｐＨ六・五～七・〇となる石灰層に沖積土が積層しているイーストケントの土壌、年間六三五ミリメーターの降水量などが列挙されているが、人的要因については言及無し。

●「ウエスト・カントリー・ファームハウス・チェダー・チーズ（West Country farmhouse Cheddar cheese）」
自然的要因には言及無し。人的要因として、「初期の本チーズ生産者らの子孫は、今日もなお自らの農場でウエスト・カントリー・ファームハウス・チェダー・チーズの製造に携わっている。本チーズには、独特な風味と味わいがあり、現在も本地域で継承されている技術及び伝統的な独自の方法により生産されている」と論じられている。

●「コーニッシュ・クロテッド・クリーム（Cornish Clotted Cream）」

自然的要因として、温暖な気候、豊富な牧草、ミルクに含まれる乳脂肪（平均四・一％であるところ、四・三三％）などが列挙されているが、人的要因については言及無し。

●「シェトランド・ラム（Shetland Lamb）」
自然的要因として、地形、地質、気候に言及。人的要因には言及無し。

20　ＥＵにおける結び付き――ＰＧＩ

次に、ＰＧＩについてですが、人的要因の存在のみが肯定される場合であっても、ＰＧＩの登録要件を満たすと考えることができるか否かについて、法文上ははっきりしません［本書第二章９］。そして、管見の限りでは、ＥＵの裁判所の判断例はありません。しかし、欧州委員会はこれを容認していまして、こうした場合でもＰＧＩとして登録された例が散見されます。以下では、そのような例に該当する、フランスのＰＧＩのいくつかとその明細書の内容を概観します。

●「カリソン・デクス（Calisson d'Aix）」

アーモンドを含む焼き菓子。フランスの国内当局は、デクス地域でのアーモンド生産を推進するためにデクス周辺の広大な地域をカリソン・デクスの原料供給地（アーモンド生産地）に指定しようとした。しかし、その時点では、カリソン・デクスの原料は、カリフォルニア産アーモンドであった。それ故、欧州委員会はアーモンドの品質との結び付きには、全く根拠がないと判断し、アーモンドのデクス地域における現地化を認めなかった。最終的には、明細書では、生産のノウハウを通した結び付きが認められている。

● 「ソーシス・ド・モルトー（Saucisse de Morteau）」

生産者とフランス政府は当初は、原料（豚肉）原産地を結び付きに加えようとしていた。しかし、欧州委員会はこれを認めなかった。豚肉の供給地はソーセージの生産地域と異なっており、豚肉の供給地とソーセージの品質との間の結び付きを肯定することは不可能であると判断したことによる。

最終的には、このソーセージは、時間をかけた独特の燻製やノウハウといった人的要因の他、燻製に用いるための木材（自然的要因）との関係で結び付きが承認された。

● 「パート・ダルザス（Pâtes d'Alsace）」

アルザス地方のパスタ。古代からアルザスのパスタは小麦粉と卵を原料としてきた。人的要因として、こうした伝統的な生産方法が、世代を経て継承されてきたレシピやノウハウと共に、今も維持されていることが挙げられている。

なお、パート・ダルザスについては、マリーヴィヴィアン博士は、生産の工業化や機械化の程度が高いことを理由に、人的要因が著しく希薄であり結び付きも希薄すぎると批判している。

●「ベルガモット・ド・ナンシー（Bergamote de Nancy）」

ベルガモットという柑橘を材料にする飴。一八世紀以来のノウハウを理由に、結び付きが承認された。

【参考文献】

Marie-Vivien, Delphine（2016）, "A comparative analysis of GIs for handicrafts: the link to origin in culture as well as nature?," in D. Gangjee（ed.）, *Research Handbook on Intellectual Property and Geographical Indications*, Cheltenham: Edward Elgar, pp.292-326.

21　ＥＵにおける結び付き ―― パン類

ここまで、英国の産品とフランスの産品を概観してきましたが、以下では、ザッパラグリオ博士他の研究成果を紹介することで、地理的表示登録されたＥＵのパン類全般についての、結び付きに関する考え方を概観してみます。

同博士他の研究では、「パン、ペストリー、ケーキ、菓子類、ビスケット、その他のパン生産者の産品」（ＥＵの商品分類の二・四類）につき、二〇一八年一二月三一日時点でＰＧＩ登録されていた七五件を分析対象としています。主な論点は、①原料原産地と、②結び付きの内実です。

①　原料原産地

原料については、七明細書のみが（約九・三％）、現地での調達を義務付けています（うち、四明細書が、地元の水を不可欠の原料と定めています）。その他は、原料をどこから調達するかにつき生産者に裁量を与えています。

たとえば、ポルトガルのＰＧＩ「フォラール・デ・ヴァルパッソス（Folar de Valpacos）」の明細書は、特定のＰＤＯオリーブオイルか、それと似たような感覚的性質を持つ他のオリーブオイルのいずれかを用い得ることを定めています。この点につき、ザッパラグリオ博士他は、加工食品であるパン類にあっては、原料原産地は重要度が低いとみられていることを示唆している、と評しています。

② 結び付き

自然的要因を挙げて結び付きを説明する明細書は、僅かに八件です。ザッパラグリオ博士他の研究では、人的要因を歴史的要素（産品と生産地の歴史や文化。これらを示す史料、伝承など）と、伝統的生産方法とに大別して整理していますが、七〇件（九三・三％）は、歴史的要素に言及することで、結び付きの存在を説明しています。伝統的生産方法に依拠するものは五三件です（七〇・六％）。

【参考文献】

Zappalaglio, Andrea,Flavia Guerrieri and Suelen Carls（2020），“Sui generis geographical indications for the protection of non agricultural products in the EU : Can the quality schemes fulfill the task,” *IIC*, 51, pp.31-69.

22　フランスとポルトガルにおける結び付き

フランスとポルトガルはともに、EU加盟国ですが、上述［本書第二章10］のように、国内法に基づき独自の地理的表示制度を施行しています。また、両国の地理的表示制度では、EUの制度とは異なり、手工芸品や工業製品を保護対象としていますので、これらの産品の登録の状況に限り、引き続き、ザッパラグリオ博士他の研究に依拠して、概観してみます。

同博士の研究では、フランス、ポルトガル及びイタリアの計一一二件の手工芸品と工業製品の登録産品を分析対象にしています。

国別では以下の通りです。フランス↓一〇件（すべて地理的表示）。ポルトガル↓三二件（地理的表示が一七件）。イタリア↓七〇件（イタリアでは、地理的表示法における非農産物の登録例がないため、地域団体商標を分析事例としています）。

産品の内訳は以下の通りです。

エッセンシャルオイル・石鹸・化粧品、ハンドツール・カトラリー（ナイフなど）、船、宝石・金属・装飾品・装飾用金属工芸品、楽器・オルゴール、美術品、革・革製品、石材・大理石・建築資材、家具・木工品、セラミック・陶器・磁器・ガラス製品、キャンバス・詰物用資材、織物・糸、布・靴、刺繍、カーペット・タペストリー・ラグ、玩具・飾り付け。

以上のサンプルにつき、以下本書では、フランスとポルトガルの地理的表示登録された産品についてのみ、①原料原産地と、②結び付きの内実についての調査結果を紹介します。

①　原料原産地

●フランス…一〇件中、七件は原料原産地について指定無し。三件は生産地からの調達が義務付けられている。

●ポルトガル…一七件すべてにおいて原料原産地について指定無し。

②　結び付きの内実

●フランス…自然的要因から結び付きを説明するものが六件。人的要因を挙げるものが七件。伝統的生産方法を挙げるものが九件。なお、フランスでは六〇%もの産品が自然的要因の見地から結び付きの存在が肯定されている．この点につき、ザッパラグリオ博士他は、フランスが種々の石材（「ペルピニャンの花崗岩／Granit de Perpignan」、「ブルターニュの花崗岩／Granit de Bretagne」、「ブルゴーニュの石／Pierre de Bourgogne」など）を地理的表示登録としていることによると説明している。

●ポルトガル…自然的要因を挙げるものが三件。人的要因を挙げるものが一三件。伝統的生産方法を挙げるものが一五件。

なお、ザッパラグリオ博士他は、以上の調査結果を踏まえ、フランスとポルトガル両国における手工芸品などの地理的表示登録にあっては、①原料原産地に関する緩やかな基準を容認していること、②結び付きの認定につき人的要因を重視していることを指摘しています。

【参考文献】

Zappalaglio, Andrea,Flavia Guerrieri and Suelen Carls（2020）,“Sui generis geographical indications for the protection of non agricultural products in the EU : Can the quality schemes fulfill the task,” *IIC*, 51, pp.31–69.

23　ＥＵの改正案

二〇二二年四月一三日に、欧州委員会は、手工芸品や工業製品一般を保護対象とする地理的表示制度を創設することを目的とする法案を公表しました。

こうした法改正の提案を促した事情は二つです。①理論的な事情と、②外交上の必要性です。

まず、①理論的な事情についてです。インドや、フランス、ポルトガルの法運用から明らかですが、手工芸品などを地理的表示法の保護対象とするためには、産地における自然的要因よりもむしろ、人的要因を重視することが、必要になります。

そして、ＥＵのこれまでの結び付きに関する考え方はかなり柔軟で、人的要因を重視してきました。そのことが上述［本書第二章21］のように、パン類に代表される加工食品の地理的表示登録を支えてきたと評価できます。ＥＵのこれまでのこうした法運用は、手工芸品や工業製品を保護対象に取り込むことに親和性があるのです。

次に、②外交上の必要性についてです。ＥＵは域外国に対して地理的表示の相互保護を求める場合に、しばしば域外国（ブラジル、ベトナム、マレーシアなど）から、見返りとして、手工芸品や工業製品のＥＵにおける地理的表示としての保護を求められることがありました。しかし、ＥＵでは、手工芸品や工業製品一般を保護するための制度を欠くため、相互保護のための交渉はしばしば難航することがあったようです。

インドとの間でも、地理的表示に関する考え方の違いが交渉の障害となりました。ＥＵとインドとの間では二〇〇七年にＦＴＡ締結交渉が始まったのですが、二〇一三年に中断されました。当時のＦＴＡ締結交渉では、地理的表示に関する相互保護についても討議されましたが、暗礁に乗り上げたようです。

その最大の理由は、ＥＵの制度では、手工芸品や工業製品一般は保護対象でないことに対し、上述［本書第二章11、同18］のようにインドの制度ではこれらが保護対象となっていることでした。こうした制度の違いを背景に、ＥＵ側はインドに対して数百に及ぶ飲食料品の名称保護を要求したのに対して、インド側は飲食料品のみならず手工芸品の名称保護を要求しました。

インド側通商関係者は、二〇〇七年のインド紙（The Economic Times English edition,Sep 28, 2007）におけるインタビューで、「カンジーヴァラムのサリー（Kanjeevaram Sarees）」や「コールハープルの革製サンダル（Kolhapuri Chappals）」といった産品の名称を挙げて、これらについてのＥＵにおける保護を確保できないのであればＥＵとの交渉を進めるつもりはないと明言しています。同じインタビューによれば、インド側は、ＥＵの制度が手工芸品や工業製品一般を保護対象外としていることを問題視しており、ＥＵに対し、これらの産品を保護対象とするよう制度の改革を迫る腹積もりであったようです。

こうした経緯があるため、近年のＥＵでは、ＥＵの地理的表示制度を改革し手工芸品一般を保護対象とすることが、域外国との相互保護を進める上でも得策であるという声が強まっていました。たとえば、欧州委員会は二〇一四年のグリーンペーパー〔本書二・一六を参照〕で、手工芸品も生産地との結び付きを持ち得るのであり、地理的表示としての保護が可能であると論じています。欧州議会も二〇一五年に、手工芸品一般を地理的表示制度の保護対象とすべきことを提言しています。

さて、上述の二〇二二年四月一三日公表の法案についてですが、欧州委員会は二〇二四年一月の施行を目指しています。ＥＵ理事会と欧州議会でどのように審議されることになるか、そして、ＥＵがかつてのインドの意向を受け入れ、自身の地理的表示制度の改革に踏み切ることになるか、注目されます。

さて、ＥＵのこうした姿勢のため故か、二〇二一年五月八日にＥＵとインドがＦＴＡ締結交渉を再開することが公表されました。両者が公表した声明（Joint Statement EU-India Leaders' Meeting, 8 May 2021）によれば、ＥＵとインドはＦＴＡ交渉とは別途に地理的表示の相互保護に関する交渉を開始するとのことです（その成果をＦＴＡ本文の中で定めるか、又は別個の協定として成立させるかは未定です）。

ところで、仮に、ＥＵの法改正が成就し、ＥＵの地理的表示制度が手工芸品や工業製品一般を保護対象とすることになりましたら、ＥＵの地理的表示制度は激変することになります。

たとえば、「ボヘミアガラス（Bohemian Crystal）」、「スコットランドのタータン（Scottish Tartans）」（タータンチェックの繊維製品）、「カッラーラ（イタリア）の大理石（Marmo di Carrara）」、「マイセンの磁器（Meissner Pozellan）」などの世界的に名の知れた産品の地理的表示登録が陸続と続くことになると思われます（上述［本書第二章23］のグリーンペーパーは、これらの産品の名前を挙げて、手工芸品の地理的表示登録を支持する立場を打ち出しています）。

そして、ＥＵは、インドのみならず、多くの国々との間で、手工芸品や工業製品一般の地理的表示についての相互保護を進めることになるのではないでしょうか。そうするとやがて、手工芸品や工業製品の地理的表示登録による保護が世界的に当たり前の選択肢になっていくのではないでしょうか。

また、こうしたことに加えて、伝統的に地理的表示制度の理論的根拠であったテロワールという観念の重要性が、徐々に低下していくかもしれません。

【参考文献】

European Commission (2014), *Green Paper Making the most out of Europe's traditional know-how: a possible extension of geographical indication protection of the European Union to non-agricultural products*, COM (2014) 469 final (15 July 2014).

European Parliament (2015), *European Parliament resolution of 6 October 2015 on the possible extension of geographical indication protection of the European Union to non-agricultural products*, 2015/2053 (INI).

Marie-Vivien, Delphine (2016), "A comparative analysis of GIs for handicrafts: the link to origin in culture as well as nature?," in D. Gangjee (ed.), *Research Handbook on Intellectual Property and Geographical Indications*, Cheltenham: Edward Elgar, pp.292-326.

24　テロワール

ここで、改めて、テロワールとはどのような考え方であるかを確認してみたいと思います。

上述［本書第一章1］のようにテロワールという観念は、今日の地理的表示制度の起源であるフランスのワインの原産地名称保護制度に由来するものです。こうした経緯があるため、今日のTRIPS協定も、同協定二三条に基づくワインに関する特別の保護［本書第二章1を参照］を設けています。

つまり、シャンパンの独特の味わいや名声は、フランスシャンパーニュ地方の気候や、土壌、水、そしてこの地域において世代を超えて伝えられてきた伝統的なノウハウやこの地に暮らす人々の高い生産技術の賜物なのであって、他の地域では同じようなワインはなかなか作ることができない。それ故、「シャンパン」と名乗り得るのはシャンパーニュ地方産のワインのみなのであって、他産地のワインにつき、シャンパンという名前を用いることは禁止されるべき、という考え方です。

こうした発想から、地理的表示制度における品質とは、ただ単に味や香りなどの点で優れているというだけでは不十分であり、そうした品質が生産地に起因するものでなければならないという考えが引き出されます。故に、特別な「品質」であることと、生産地と品質との「結び付き」があることが、登録の本質的な要件として要求されます。

こうした考え方や発想に対する、よくある批判としては、生産地画定の信頼性に着目した批判があります。ブロンウィン・パリー氏は地理的表示制度が前提とする、生産地は未来永劫変化しないという考え方は極端なフィクションであると論じています。

また、現実に産地として画定されている地域には、多くの場合、様々な自然条件が含まれており、自然条件が均質において地域が一つの生産地として画定されているわけではない。という批判があります。確かに、ごく少数の例ではありますが、デンマーク産チーズ「ハヴァティ」「ダンボー」のように、国土全てを一つの生産地として画定することすらありますし、往々にして、行政区画に基づき単純に生産地が画定されることもあるように見受けられます。

ほとんど全否定に近いものとしては、科学性や合理性を欠く神秘主義であるという批判や、マーケティングの一手段に過ぎないといった批判があります。こうした批判を行う人は、産地の自然条件が商品の品質に決定的な影響を及ぼすという見方自体に疑念を持っています。この種の批判があることについては、既に、本書第一章13の末尾で言及しました。

ちなみに私（筆者）自身は、生産地の自然条件が品質に対して一定の影響力を持つことは決して珍しいことではないと考えます。ただ、産品によってはそれが本質的な影響力であるとまでは一概には言えないと考えます。また、自然条件のような移転不能な要因ではなく、移転可能な生産設備などもまた品質に対して本質的な影響を持ち得ると考えています。さらに言いますと、一定の自然条件も、工場の空調設備などで代替できることもあり得ると考えています。

【参考文献】

Parry, Bronwyn (2008), "Geographical Indications: Not All Champagne and Roses," in L. Bently, J. Davis and J. C. Ginsburg (eds.), *Trade Marks and Brands*, Cambridge: Cambridge University Press, pp.361-380.

25　テロワールからの逸脱

いずれにしましても、テロワールという考え方には、肯定論も否定論もあるのですが、生産地の人的要因を肯定的に評価するならば、自然条件の品質への影響についてはあまり目くじらを立てる必要はなくなります。また、はっきりした品質がなくとも、生産地に由来する社会的評価があればそれだけで保護要件を満たす、と考えるのであれば、そもそも品質の有無を論証する必要すらなくなります。この点につき、前出［本書第二章6］地理的表示制度に対する有力な批判者であるジャスティン・ヒューズ教授は次のように皮肉たっぷりに言います（Hughes、二九四頁）。

「[テロワール主義者は、] 地質学と気候に焦点を合わせつつ、それが窮地に陥ると、文化、歴史、そして人間の技能を付け加える」。（傍線筆者）

「文化、歴史、人間の技能を付け加えること」とは、「品質」ではなく「社会的評価」を強調することです。そして、「自然的要因」ではなく「人的要因」を強調することに他なりません。つまり、「自然的要因＋人的要因→品質」こそが元来の理念であったのが、「人的要因→社会的評価」のみで登録可能となる、というようにハードルが引き下げられる（または、ハードルの内実そのものがすっかり変わってしまう）、というわけです。

さて、上述［本書第一章1］のように、EUの地理的表示制度は一九九二年に始まりましたが、一九八〇年代末から九〇年代初めにかけてのその立法化のための準備段階では、「社会的評価」を独立の登録要件とすべきかを巡り、加盟国間で対立が生じていました。最終的にはドイツの意見が採用され、「社会的評価」が独立の登録要件となりましたが（PGIの登録要件の一つとして社会的評価が定められました［本書第二章9］）、ドイツがこうした主張を行ったのは、地理的表示登録のハードルを引き下げたいという思惑があったと推測されます。つまり、フランスやイタリアなどと違い、ドイツには魅力的な産品が少ないため、はっきりした品質がなくとも、ある程度の社会的評価を博している産品であれば登録可能となる制度を望んだ、ということであろうと思われます。つまりこの段階で、EUにおいてテロワールという発想からの少々の逸脱があった、というわけです。

そして、EU地理的表示制度の立法化と時を同じくして行われていたTRIPS協定締結交渉では、EUの主張が強い影響力を持ったと考えられます。従来から、TRIPS協定の地理的表示規定は、EUの一九九二年発足の制度の強い影響を受けていると多くの論者から指摘されていますし、今村哲也明治大学教授の研究によれば、TRIPS協定制定交渉における一九九〇年のEU提案には、品質、特性と並んで「社会的評価」が要件として列挙されています。つまり、EUの主導で、社会的評価が保護要件として付加されたと考えられます。このような経過で制定されたTRIPS協定の地理的表示条項を受けて、各国が国内法を制定しその中で手工芸品や工業製品一般を保護対象とすることで、世界のあちらこちらでテロワールからの逸脱が生じた、と言ってよいと思います。EUがこの流れに乗り、手工芸品や工業製品一般を保護対象に取り込むのであれば、テロワールからの逸脱はさらに進むことと思われます。

なお、「人的要因→社会的評価」のみで地理的表示登録される産品にはテロワールは認め難いと思います。しかし、そうした産品であっても、社会的評価の存在が肯定される以上は、ある程度長期間、人々から愛好されてきたことが通例でしょうから、多くの場合、高品質の産品であることでしょう。また、明細書所定の生産基準が遵守される限りは、一定の品質保証機能を持ち続けると言ってよいと思われます。

たとえば、上述［本書第二章14］の、「エステパのポルボローネス」、「ダンボー」、「ハヴァティ」は、品質中立主義に基づき登録されていますが、明細書の中で、生産基準（成分、形状、色合いなど）が詳細に定められています。ですので、これらの産品は、「生産地に起因する品質」を欠いていますが、だからといって品質が劣悪であるということは全くありません。私はダンボーとハヴァティを食したことがありますが、どちらもなかなか美味なチーズであると思っています（エステパのポルボローネスはまだ食したことがありません）。

【参考文献】

今村哲也『地理的表示保護制度の生成と展開』（弘文堂、二〇二二年）。
Hughes, J.／今村哲也 訳（二〇一一）「シャンパーニュ、ＦＥＴＡ、バーボン：地理的表示に関する活発な議論(3)」知的財産法政策学研究三三号二八三頁。

第三章　日本の課題

1　日本の概況と問題点

ＥＵの地理的表示法では、従来から、伝統的なテロワール重視の法運用の他、社会的評価や人的要因を重視する法運用を行ってきました。こうした法運用は、加工食品の地理的表示登録と親和的でありました。というのも、加工度が高ければ高いほど生産地の地質や気候からの品質に対する影響は小さくなるはずですので、加工食品を登録対象とするためには、品質と自然的要因ではなく、社会的評価と人的要因との間の結び付きを重視することが得策です。つまり、①品質＋自然的要因重視ではなく、②社会的評価＋人的要因重視の立場に立てば、加工食品を保護しやすくなります。

ＥＵはとりわけ人的要因を重視することで、たとえば、パン類を多数地理的表示登録させていることは既に見ました［本書第二章21］。そして、この法運用は、手工芸品などを保護対象とすることともおそらくは整合性があります。それゆえ、上述［本書第二章23］したEUの法改正には、法理論的な障害はないと思われます。

日本の地理的表示法はEUのそれに類似しているにもかかわらず、上述［本書第二章8］のように、登録産品の構成がかなり違います。EUは加工食品が半分くらいであるのに対し、日本は二割程度です。さらに言えば、日本では登録された加工食品も、加工の度合いが低いもの（本書第一章7で紹介した干し柿など）が大半です。

この違いは運用に関する考え方の違いによると思われます。つまり、日本では②の法運用を行うことが少なかったため、加工食品の登録が難しくなってしまったのであろうと思われます。

このように、日本の地理的表示運用は、なかなか加工品、―加えて、付加価値が高い産品一般―、を保護対象として取り込むことができず、もたもたしているうちに、EUは、加工品はおろか、手工芸品一般までをも保護対象に取り込もうとしています。そして、中国を含む東アジア諸国と相互保護を実施済みであるだけではなく、南アジアの大国インドとも相互保護を実現するための交渉を始めています。

他方、日本は、相互保護の相手方がなかなか増えず、自身の地理的表示保護の海外への広がりが進んでいかない中で、自国の産地名称が徐々に海外で簒奪されつつあります。さらに言えば、名称のみならず、生物資源までもが海外に流出しつつあります。以下では、そうした産品の典型として、和牛を題材として、ここで提起した問題について考えてみたいと思います。和牛は加工食品ではありませんが、付加価値が高く、日本を代表する産品でありますので、検討対象として格好の産品であろうと思います。

2　和牛の概況と問題点

近年、和牛に関連して興味深い動きがいくつか見られます。一つは、二〇一九年に発覚した、中国への和牛受精卵などの不正持ち出しです。

その他は、地理的表示制度における動きです。二〇一六年に農林水産省は、和牛銘柄（黒毛和種）の地理的表示登録を促進するために「黒毛和種の牛肉の社会的評価についての基準」を制定しました。しかし、十分な成果を収めることができないまま、二〇二二年には同基準は廃止されました。

加えて、前後しますが平成二七年（二〇一五年）に国税庁は、和牛と並ぶ日本を代表する産品の一つというべき清酒につき、「日本酒」を地理的表示として保護することを決定しました。

これらの出来事は、「和牛」という名称をどのように保護すべきか、という問題を提起します。そこで、以下では、和牛を巡る様々な出来事や制度を概観しながら、名称保護の一つのあり方として、地理的表示登録の可能性について検討することにします。

3　和牛の海外への普及の状況

二〇一九年四月に、徳島県の牧場経営者が和牛の受精卵や精液を中国へ不正に持ち出そうとしたことが発覚し、家畜伝染病予防法違反で起訴されました。日経新聞の解説記事（二〇一九年四月一二日朝刊、小安司馬・佐藤末乃里記者「和牛受精卵流出『氷山の一角』海外から食指？」）によりますと、和牛の受精卵などの国外流出が立件されるのは初めてであるとのことです。それだけに注目を集めましたが、業界関係者の間では、今回発覚した一件は氷山の一角に過ぎないと囁かれているようです。

そもそも、現に日本の和牛にルーツがある牛が世界各地で生産されている以上、これまでに何らかの形で和牛やその遺伝資源が流出してきたことは明らかです。流出の経緯については、不明な点もあるようですが、農畜産業振興機構の小林誠・渡邊陽介両氏の研究により米国への伝搬の経緯については概要を把握できます。

その報告によれば、一九七六年には、米国コロラド大学が黒毛和種と褐毛和種の種雄牛各二頭を米国に持ち出しています。また、一九九三年には、ワシントン州知事の発案により、対日輸出品目開拓のために派遣された和牛の種牛買い付け調査団が黒毛和種五頭（雄二頭、雌三頭）を購入し、米国に持ち出しています。その他の取引なども含めて、一九七六年から一九九八年までの間に、日本から米国に持ち込まれた和牛の遺伝資源は、生体で二四七頭、凍結精液一万三千本に及ぶとのことです。

さらに、それらの遺伝資源がその後、豪州に渡り、現地の品種との交配による交雑種が生産されています。そして、それらが牛肉又は子牛として日本にも輸入され、農林水産省の犬塚明伸氏の報告によれば、二〇〇五年には子牛の輸入頭数は二万五千頭にも及んだといいます。

現在では、和牛の人気は世界各地で高まりつつあり、農業ジャーナリストである横田哲治氏によれば、米豪のみならず、カナダ・メキシコ・アルゼンチン・中国などの牧場主たちは、和牛の受精卵や精子を求め、現地で牛の生産に尽力しているそうです。特に大きな成功を収めているのは豪州で、飼養頭数は三〇万頭、交雑種を加えると一〇〇万頭に及びます。加えて、その受精卵や精子をも世界各地に輸出し、盛んに外貨を稼いでいるようです。


【参考文献】

犬塚明伸「和牛の遺伝資源の保護・活用の在り方について」びーふキャトル七号一八頁（二〇〇六年）。

小林誠＝渡邊陽介「米国のＷａｇｙｕ生産の現状」畜産の情報三〇四号六二頁（二〇一五年）。

横田哲治氏『和牛肉の輸出はなぜ増えないのか』（東洋経済新報社、二〇一三年）。

4　「和牛等特色ある食肉の表示に関するガイドライン」と米国の認識

このような日本の和牛と、それにルーツを持つ海外産の牛との競合という事態に対処するために、二〇〇七年に、「和牛等特色ある食肉の表示に関するガイドライン」（以下、和牛ガイドライン）が、農林水産省主導で制定されました（「食肉の表示に関する検討会」の名義で公表されています）。和牛ガイドラインは、法的拘束力があるわけではありませんが、「牛及び豚の生肉を販売するすべての事業者（以下「食肉販売事業者等」）が特色ある食肉の表示をする上での指針となるべきものであり、食肉販売事業者等の自主的な取組を促すもの」と説明されています。以下に、和牛ガイドラインの一節を抜き出してみます。

「『和牛』と表示できる牛肉は、①の要件を満たすことが、家畜改良増殖法に基づく登録制度等により証明でき、かつ、①及び②の要件を満たすことが、牛トレーサビリティ制度により確認できる牛の肉とする。

① 次に掲げる品種のいずれかに該当する牛であること。

イ 黒毛和種
ロ 褐毛和種
ハ 日本短角種
ニ 無角和種
ホ イからニまでに掲げる品種間の交配による交雑種
ヘ ホに掲げる品種とイからホまでに掲げる品種間の交配による交雑種

② 国内で出生し、国内で飼養された牛であること。」

つまり、和牛ガイドラインでは、「和牛」と称する条件として、①一定の品種（交雑種を含む）に該当すること、②日本で出生・飼養されたこと、が求められます。よって、和牛ガイドラインを日本国内の流通業者が遵守するならば、海外産の牛肉を、日本国内で「和牛」と称して販売することはかなり難しくなると思われます。

これに対して、米国政府は二〇〇七年二月一三日付の声明で和牛ガイドラインには賛成できない旨の見解を明らかにし、特に、上記②の削除を要求しています（U.S. Comments on Draft Japan Wagyu Labeling Guidelines）。

米国政府の主張は以下の三つにまとめられます。

第一に、「和牛」は、一定の遺伝的特徴を持つ牛を指称する。肉の品質、歯ごたえ、香りなどの和牛の特性は、特定の遺伝子に由来するものであり、和牛の遺伝的特徴は地域的に制約されることはないし、日本に限定されるはずもない。よって、日本国外で飼養された牛も「和牛」と名乗り得るべきである。

第二に、消費者の混同を防止するためには、内外の牛肉に「和牛」という名称の使用を許したうえで、原産国表示を義務付ければ十分である。つまり、国産、米国産、豪州産といった表示があれば、消費者を保護できる。

第三に、和牛ガイドラインは日本に輸入される牛肉を「和牛」と称すことを阻止することで、貿易を制限し、海外における生産をも阻害する。

以上の三つの主張にはいずれも一定の説得力がありますが、最も本質的な論点を含んでいるのは、第一の主張であると思われます。米国政府は、「和牛」は牛の遺伝的特徴（品種）を示す名称であって、産地名称ではないと論じていますが、これを評して、ルイス・オーガスティン・ジーン博士と関根佳恵教授（愛知学院大学）は、米国政府は「和牛」を普通名称と理解していると論じています。

また、米国誌『フォーブス』のラリー・オルムステッド記者は、米国政府のみならず、米国の牧場経営者その他の畜産関係者の多くも、「和牛」とは単純に品種や血統を意味すると考えていると論じています。

ちなみに、同記者によれば、米国の畜産関係者は「神戸ビーフ」を、日本風の高級牛肉一般を示す用語と理解しているとのことです。同記者はこの点につき、本場の神戸ビーフとはかなり品質が違う牛肉が「アメリカン・コーベ・ビーフ」と称して米国国内で広く出回っていることや、二〇〇〇年以降の米国では、日本におけるBSEの発生のため日本から牛肉を輸入することができない時期が続いたにもかかわらず、「コーベ・ホットドッグ」、「コーベ・バーガー」、「コーベ・スライダー（小さなハンバーガー）」などが流行するほどに、「コーベ」という名称が一般化したことを紹介しています。

【参考文献】

Augustin-Jean, Louis and Kae Sekine (2012), “From Products of Origin to Geographical Indications in Japan: Perspectives on the Construction of Quality for the Emblematic Productions of Kobe and Matsusaka Beef,” in L. Augustin-Jean, H. Ilbert and N. Saavedra-Rivano (eds.), *Geographical Indications and International Agricultural Trade-The Challenge for Asia*, New York: Palgrave Macmillan, pp.139-163.
ラリー・オルムステッド『その食べ物、偽物です！安心・安全のために知っておきたいこと』（早川書房、二〇一七年）。

5　商標法と地理的表示法における普通名称

さて、普通名称を巡る問題については、本書で既に少しばかり言及してきましたが［本書一・五など」、ここでもう少し詳しく考えてみます。まず、普通名称に該当する名称は、商標法においても地理的表示法においても、登録できません。

以下に、商標法と地理的表示法における普通名称に関する主務官庁（特許庁、農林水産省）の判断基準を列挙してみます。

●審査基準（商標法）

「取引者において、その商品又は役務の一般的な名称（略称及び俗称等を含む。）であると認識されるに至っている場合には、『商品又は役務の普通名称』に該当すると判断する。」

●名称審査基準（地理的表示法）

「ア　普通名称とは、その名称が我が国において、特定の場所、地域又は国を生産地とする農林水産物等を指称する名称ではなく、一定の性質を有する農林水産物等一般を指す名称（例：さつまいも、高野豆腐、カマンベールチーズ、伊勢えび等）をいう。…。

イ　以下の名称は、アの普通名称に該当するものとする。

(ア)　普通名称を通例用いられる漢字、仮名文字（平仮名・片仮名）又はローマ字で表示した名称（例：薩摩芋→さつまいも、サツマイモ、Satsumaimo 等）

(イ)　辞典、新聞、ウェブサイト等の記載を総合的に勘案し、農林水産物等の種類一般を指称すると認められる名称」

このように、商品やサービスのタイプを示す名称を普通名称ととらえることは共通していますが（以下では、地域団体商標は検討の対象外とします）、二つの法律の間で普通名称化の判断にずれが生じることもあります。

商標法の基本的な考え方では、ある名称が特定人（特定企業）の商品であることが判別できない名称になったときに普通名称となりますが、地理的表示法では、ある名称が特定の地域の産品であることが判別できない名称となったときに普通名称となるからです。

たとえば、「合資会社八丁味噌」の商標登録の可否につき、東京高裁は一九九〇年に「（当該商標の要部である）『八丁味噌』とは、愛知県岡崎市を主産地とし、大豆を原料とする豆味噌の一種であり、『八丁味噌』なる文字は該味噌を指称する普通名称であると認められる」と論じて［傍線筆者］、八丁味噌が商標法上の普通名称であると判断した上で、登録拒絶を支持したことがあります。同高裁は、複数の辞書・辞典類における記述の状況に基づき、八丁味噌が普通名称化していると判断しました。

他方、二〇一七年に農林水産大臣は八丁味噌を地理的表示として登録しています。この登録は、八丁味噌が普通名称化していないという判断が前提となっていますが、その判断に問題はありません。八丁味噌という名称により、「愛知県岡崎市を主産地とし、大豆を原料とする豆味噌の一種である」ことが判別できる以上は（傍線筆者）、八丁味噌が産地名称としての意味を持つことができます。そうであるならば、地理的表示としての機能を果たし得ると考えられるからです。

【参考文献】

佐藤恵太「商号商標の普通名称認定に際して『合資会社』の文字を省略した例—合資会社八丁味噌事件」特許管理四一巻一〇号一三一五頁（一九九一年）。

6 取引者の認識と消費者の認識

そうすると、次の問題は、地理的表示制度においてどのように普通名称化の有無を判断すべきかですが、オックスフォード大学のデブ・ガンジー教授は、ＴＲＩＰＳ協定における地理的表示に関する定めを手掛かりにすることを提案しています。

まず、TRIPS協定二四条六項は次の通りです。

「この節のいかなる規定も、加盟国に対し、商品又はサービスについての他の加盟国の地理的表示であって、該当する表示が当該商品又はサービスの一般名称（the common name）として日常の言語（common language）の中で自国の領域において通例として用いられている用語（the term customary）と同一であるものについて、この規定の適用を要求するものではない。」

ガンジー教授はこの規定の中の「日常の言語」などの文言は、本条が平均的消費者の認識を重視していることを示唆している、と考えます。

確認しておきますと、国内外において、商標法における普通名称化の有無の判断につき、消費者の認識と業者・取引者の認識のいずれを重視すべきかという議論があります。特許庁『工業所有権法（産業財産権法）逐条解説　第二〇版』（発明推進協会、二〇一七年）では、商標につき、「一般の消費者等が特定の名称をその商品又は役務の一般的な名称であると意識しても普通名称ではない」と論じています（一三九九頁）。

しかしながら、ガンジー教授は、地理的表示制度にあっては消費者の認識が優先するという見方がＴＲＩＰＳ協定に整合する、と論じています。地理的表示が、地域の共有財産という性格を強く持つことを思えば、消費者の認識をより重視することに私（筆者）も賛成です。

なお、日本が加入している、地理的表示に関する定めを持つ多国間協定としては、ＴＲＩＰＳ協定以外では、「環太平洋パートナーシップに関する包括的及び先進的な協定」（以下、ＴＰＰ協定）があります。ＴＰＰ協定における普通名称の定義は以下の通りですが、ＴＲＩＰＳ協定のそれとほぼ同じです（同協定の訳文は、政府の訳文によります）。

「当該地理的表示が、関連する物品の一般名称として日常の言語の中で当該締約国の領域において通例として用いられている用語であること。」（ＴＰＰ協定一八－三二条一項Ｃ号）

この条項を基本として、ＴＰＰ協定では、普通名称性の有無を判断するためのより詳細な基準が設けられているのですが、ＴＰＰ協定の考え方では、普通名称化の有無の判断にあっては消費者の理解の仕方を考慮することを基本としています（消費者の理解を考慮すべしと定めているわけではありませんが、取引者の理解については全く言及していません）。そして、消費者の理解の仕方を考慮するための材料として以下の二つを例示しています。

●問題の用語が「辞書、新聞、関連するウェブサイト等」において「特定の物品の種類に言及するために用いられているかどうか」(一八‐三三条a号)。

●問題の「用語によって示される物品が、当該締約国の領域においてどのように販売され、及び取引において使用されているか」(同b号)。

こうしてみると、TPP協定は、TRIPS協定二四条六項を具体化するものと理解できますし、普通名称性の有無の判断につき、消費者の理解に優先順位を置いているという解釈と親和的であるとも思われます。また、上述［本書第三章5］の名称審査基準第イ(イ)も、こうした考え方に沿って設けられていると考えられます。

【参考文献】

Gangjee, Dev (2016), "Genericide: the Death of a Geographical Indication?," in D. Gangjee (ed.), *Research Handbook on Intellectual Property and Geographical Indications*, Cheltenham: Edward Elgar, pp.508-548.

7　国外における普通名称化

ところで、国内においていかなる判断基準をとるにせよ、国外で自国の産地名称が普通名称化してしまっては如何ともしがたい事態となります。自国の産地名称の国外での普通名称化は古くから続く深刻な問題です。この問題はパリ条約［本書第二章1］の制定のための国際会議においても、原産地の虚偽表示に関する審議の中で議題の一つとなりました。最終的には、同条約では原産地の虚偽表示を禁じるものの（一〇条）、普通名称の使用は禁止しない、との結論に落ち着きましたが、前出のガンジー教授の紹介するところによれば、会議の一場面では、「ランカシャー」や「シャンパン」の普通名称性の有無が議論されたことがあったといいます。「ランカシャー」についてはスウェーデンの代表が一定の製造工程を経た金属製品を示す普通名称であると論じ、「シャンパン」についてはノルウェーの代表が普通名称である旨を主張したそうです。

こうした対立は、今日、欧州と米豪などの新大陸諸国との間でより先鋭なものとなっています。

嘗ての欧州からの移民が、移民先に彼らの出身地の地名を付けることがしばしばであったことは上述［本書第二章2］しましたが、その結果、一九世紀から二〇世紀に、欧州の多数の有名な飲食料品の産地名称が、米豪などにおいて普通名称として用いられるようになりました。

ニューサウスウェールズ大学（豪州）のマイケル・ハンドラー教授は、当時の状況を示す象徴的なエピソードを紹介しています。

たとえば、豪州で一八八一年に設立された「ビクトリア・シャンパン社」は、「スパークリング・ブルゴーニュ」と称してスパークリングワインを販売しました。また一八九一年に、ビクトリア近郊でシャンパンの生産方法に従って生産された（原料のブドウは異なる）スパークリングワインは、「シャンパン」と銘打って販売されました。生産に当たっては、フランスの専門家を雇用し、どのようにすれば、最もよくフランスの醸造学の成果を豪州において取り入れることができるかについて助言を受けていたそうです。

以上の経緯を踏まえて、ハンドラー教授は次のように論じています。

曰く、ブルゴーニュやシャンパンがEU地理的表示登録されるより先に、豪州では、豪州産ブルゴーニュや豪州産シャンパンが生産・使用されていた。ブルゴーニュやシャンパンは今や豪州の消費者の間でかなりの知名度を勝ち得ているが、それは欧州のワインメーカーの努力のみによるとはいえない。むしろ豪州においてこれらの飲食料品の名称を消費者に浸透させたのは、現地の生産者である、と。

【参考文献】
Handler, Michael (2016), "Rethinking GI Extension," in D. Gangjee (ed.), *Research Handbook on Intellectual Property and Geographical Indications*, Cheltenham: Edward Elgar, pp.146–182.

8　二国間協定と普通名称

このような産地名称をめぐる、感情的にもなりがちな国境を越えた対立を解決するために、しばしば二国間の合意や協定が利用されることは上述〔本書第二章4〕しました。こうした取り組みにより国家間の対立を迅速かつ円滑に調整できることは、間違いありません。しかしながら、これらの協定につき、ＥＵとその相手国は普通名称化が疑われるものも含めて、保護対象に取り込むこともあるという論評があります。そうであるならば、本来は司法判断によって決されるべき普通名称化の有無の判断を政府間の協定で片付けてしまっているわけですから、法的判断を軽視する便宜的な態度であるという批判もあり得るでしょう。

なお、上述［本書第二章4］のEUが締結した二国間協定における普通名称に関する定めとして、①アイスランド、②南部アフリカ開発共同体、③ウクライナなどとの間の協定では、いわゆる凍結条項を設けていることが注目されます。凍結条項とは、ひとたび登録・保護対象となった名称は普通名称化しないという趣旨の定めのことです。

たとえば②南部アフリカ開発共同体との協定（プロトコルⅢ　五条二項）は、「保護対象とされる地理的表示は、両当事国の領域内において普通名称化したものとはみなされない」（拙訳）と定めています。

また、EUの地理的表示法には凍結条項があります。「PDO及びPGIは、普通名称化しない」（現行理事会規則［本書第二章9］13条2項）という簡明な定めがそれです（拙訳）。

そういうわけで、EUにおいてひとたび登録された地理的表示は普通名称化を免れますので、EUはこの仕組みを二国間協定にも盛り込んだということです。他方、日本との協定（日EU経済連携協定）では、凍結条項は設けられていませんし、日本の地理的表示法にも凍結条項はありません。

ただ、上述［本書第一章5］のように、農林水産省は不正な地理的表示使用については厳格に取り締まりを行うことで、普通名称化を防止できると考えているようです。農林水産省の尽力に期待したいと思います。

9　和牛銘柄の地理的表示登録

さて、上述［本書第二章4］のように、日EU経済連携協定により、申請者（生産者団体）からの個々の申請によらず、日本とEUが相互に地理的表示を保護することになりました。その結果、和牛銘柄としては、「但馬牛」、「神戸ビーフ」、「特産松坂牛」、「米沢牛」、「前沢牛」、「宮崎牛」、「近江牛」、「鹿児島黒牛」（すべて黒毛和種）の計八産品が相互保護の対象になりました。つまり、二〇一七年七月の日本・EU間の大筋合意の時点で日本において地理的表示登録されていた和牛銘柄はすべて、EUにおいても保護されることになったというわけなのですが、この大筋合意後に日本において登録された和牛銘柄は、「くまもとあか牛」（褐毛和種）と比婆牛（黒毛和種）のみです。

かくして、二〇二二年一一月末時点では、日本において地理的表示登録された和牛銘柄は一〇産品ですが、農林水産省は、和牛（黒毛和種）の地理的表示登録には一定のハードルがあるという認識を表明したことがあります。すなわち、二〇一六年に公表された「黒毛和種の牛肉の社会的評価についての基準」（以下、黒毛和種基準）において、農林水産省は次のように論じていました。

「黒毛和種は、我が国の肉専用種としては最も多く、全国各地で飼育されている品種であるが、近年、血統の均一化や飼養管理技術等の高位平準化が進んでいることから、産地銘柄牛の…地域と結び付いた特性を、他産地との生産方法や肉質の差異によって説明することが難しい例が見られる。」

また、二〇一七年に公表された農林水産政策研究所の報告書も、「いわて牛」が地理的表示登録申請に至っていないことに触れ、「黒毛和種のブランドは、一般的に他産地と差別化した品質の明確化が困難であるが、いわて牛においても、品種や血統では地域性が示しにくいという同様の課題がある」と論じています（六六頁）。

【参考文献】

農林水産政策研究所、『地域ブランドの現状と今後の課題―地理的表示保護制度の活用等による価値創造に向けて（食料供給プロジェクト研究資料二号）（二〇一七年）。

10 品質中立主義と「黒毛和種の牛肉の社会的評価についての基準」

こうした問題があるため、黒毛和種基準では、次のような解釈を採用する方針を明らかにしていました。

「(地理的表示）法における『特性』とは、『品質、社会的評価その他の確立した特性』である。したがって、特性については、血統や生産方法、牛肉中の化学成分等といった観点からの説明が必須とされるわけではなく、社会的評価という観点から説明することも可能である。」（カッコ内は筆者）

このように黒毛和種について品質中立主義を明言したわけですが、この時点では、農林水産省は、黒毛和種以外の産品については、考え方をはっきりさせていませんでした。

つまり、黒毛和種基準を公表した当時において、農林水産省が公表していた審査基準は、ここまで述べてきました①黒毛和種基準と、②すべての産品を対象とする一般的な審査基準（「農林水産物等審査基準」）の二つであったのですが、①では、品質中立主義の立場を明らかにする一方で、②では、その点については曖昧にされていたということです。

つまり、農林水産省としては、黒毛和種の登録を増やすために、①黒毛和種基準に基づき大胆な法運用を行おうとしたものと考えられます。そして①黒毛和種基準公表後に地理的表示登録された、米沢牛、宮崎牛、鹿児島黒牛は、主に社会的評価の高さを理由として登録判断がなされています（これらの明細書では、品質に関する言及が少なく、主に、全国規模の受賞歴や地元における生産技術向上のための取り組みなどの点から、社会的評価の高さを説明しています）。よって、①黒毛和種基準は一定の役割を果たし得た、という見方もあるかもしれません。

しかしながら、公益財団法人日本食肉消費総合センターの銘柄牛肉検索システムによれば、二〇一九年六月一三日の時点で、日本全国で黒毛和種の銘柄は一五八件もありますが、上述［本書第三章9］のように、黒毛和種の登録件数は9件にとどまります。「阿波牛」、「佐賀牛」、「仙台牛」、「常陸牛」といった豊富な受賞歴や高い知名度を持った銘柄であっても地理的表示登録されていません。

登録件数が伸び悩んだ理由は、黒毛和種基準が、品質中立主義を採用するという点では、登録のハードルを大幅に引き下げたのですが、他方において、社会的評価の存在を示すために、以下のように極めて厳格な判断基準を設けてしまったことにあると考えられます（主なもののみ列挙します）。黒毛和種基準は、これらのうちいずれか一つではなく、以下のすべての基準をクリアすることを求めています。

●「黒毛和種が我が国固有の品種として認定された昭和一九年以前から知名度を有し」ていること。
●全国規模の品評会において複数回の受賞歴があること。
●地域ぐるみの取り組みがあること。たとえば、「生産技術・品質管理等に関する勉強会や研究会等の開催、全国的な共進会等に出品する牛の選考会」など。

思うに、農林水産省は黒毛和種の登録件数を増やしたいと考えつつも、他方で登録の乱発は避けたいという思いが強く働いたのではないでしょうか。そうした思いから、以上の厳し過ぎる基準を設けてしまったのではないでしょうか。いずれにしましても、これだけ厳しい基準を設けてしまうと、これをクリアできるような銘柄はごく少数のトップエリートというべき銘柄に限られます。そして、そうしたエリート的な銘柄であれば、ことさらに、社会的評価を強調しなくとも登録は可能であったのではないかとも思われます。つまり、米沢牛、宮崎牛、鹿児島黒牛などは、品質の見地からも、地理的表示登録可能であることを十分に説明できたのではないでしょうか。そうすると、黒毛和種基準でせっかく品質中立主義を採用したのに、それほど大きな役割を発揮できなかったと総括できるように思われます。

なお、二〇二二年一一月に、①黒毛和種基準は廃止され、②農林水産物等審査基準は大幅に改訂されました。このことについては後述［本書三・二二］します。

11　国名の地理的表示登録と「日本酒」

ところで、国税庁もまた品質中立主義を採用しています。

まず、確認しておきますと、上述［本書第一章1］のように、日本の地理的表示は、①農林水産物・飲食料品と、②「酒類」それぞれにつき、異なる法制度の下で保護されています。①については、ここまでに度々論じてきました。

②の地理的表示は、「酒税の保全及び酒類業組合等に関する法律」に基づいて定められた「酒類の地理的表示に関する表示基準」（以下、酒類表示基準）の下で保護されており、国税庁が所管しています。②はＴＲＩＰＳ協定成立を受けて一九九五年に保護が開始されていますので、①の保護より長い歴史があります。

さて、酒類表示基準では、酒類の地理的表示は次のように定義されています（一条三号）。

「『地理的表示』とは、酒類に関し、その確立した品質、社会的評価又はその他の特性（以下「酒類の特性」という。）が当該酒類の地理的な産地に主として帰せられる場合において、当該酒類が世界貿易機関の加盟国の領域又はその領域内の地域若しくは地方を産地とするものであることを特定する表示であって、次に掲げるものをいう。

イ　国税庁長官が指定するもの

ロ　日本国以外の世界貿易機関の加盟国において保護されるもの」［傍線筆者］

上述［本書第二章12、同16］した地理的表示法における「品質、社会的評価その他の確立した特性」という定義とは、微妙に表現が異なります。酒類表示基準の定義は、「又は」という文言を用いることで、品質中立主義を採用することをより明確にすることを意図していると考えられます。

酒類表示基準に関するガイドラインである「酒類の地理的表示に関するガイドライン」は、次のように、さらに明快な定めになっています（同ガイドライン二章一節）。

「酒類の特性については、表示基準第一項第三号における「酒類の特性」の定義（酒類に関し、その確立した品質、社会的評価又はその他の特性）に基づき、(イ)品質、(ロ)社会的評価のいずれかの特性（又はその他の特性）があることが必要である。」［傍線筆者］

こうした判断基準の下、二〇二二年一一月末時点で、蒸留酒四産品、葡萄酒四産品、清酒一三産品、その他（梅酒）一産品が保護対象になっていますが、注目されるのは、保護対象として指定（登録）されている清酒の一つが「日本酒」であることです（二〇一五年指定）。指定されている生産地の範囲は日本全国です。

その他の保護対象となっている清酒の一部を以下に紹介します。ここで紹介していないものも含めて、すべてにおいて日本国内の一地方が生産地として指定されています。

●「白山」（指定されている生産地の範囲は、石川県白山市）
●「山形」（指定されている生産地の範囲は、山形県）
●「灘五郷」（指定されている生産地の範囲は、神戸市灘区、東灘区、芦屋市、西宮市）

蒸留酒四産品、葡萄酒二産品も同じく、日本国内の一地方が生産地として指定されていますし、地理的表示法に基づいて登録された産品にも、日本全国を生産地として指定しているものはありません。「日本」という国名やこれに類する名称を登録している例もありません。それだけに「日本酒」の地理的表示指定（登録）はかなり異例です。

ただ、法文上は、国土全体を生産地とする産品を地理的表示指定（登録）することに問題はありません。

酒類表示基準は、地理的表示を「加盟国の領域又はその領域内の地域若しくは地方を産地とするものであることを特定する表示」と定義していますし（一条三号）、地理的表示法も「特定の場所、地域又は国を生産地とするものであること」（二条二項一号）と定めているからです（傍線筆者）。

　ＴＲＩＰＳ協定も、「商品が加盟国の領域又はその領域内の地域若しくは地方を原産地とするものであることを特定する表示」と定めていますし（二二条一項）（傍線筆者）、ＥＵでも、「コロンビア・コーヒー」などの登録例もあります。

　ただし、制度上可能であるといっても、国土全体という形で、あまりに広過ぎる生産地を画定してしまうと、生産地と産品の結び付きが希薄になってしまうという問題があります。つまり国土が広くなるほど、気温、土壌、植生その他の自然環境の均一性が薄れてゆき、生産地と品質との間に相関関係があることを説明しにくくなります。

　しかし、品質中立主義の立場では、一つの国土から生産される産品に社会的評価が認められれば、地理的表示保護の要件を充足することになります。故に、品質中立主義と、国土を一つの生産地として地理的表示登録を行うこととは、強い親和性があります。

　なお、「日本酒」は社会的評価のみに基づき登録されているわけではなく、登録に当たって、社会的評価と品質の双方が認定されていることを付言しておきます。

　すなわち、国税庁が公表している日本酒の地理的表示登録の明細書では、社会的評価につき、「冠婚葬祭や年中行事の際に飲まれる習慣があり、日本における伝統的な酒類として国民生活・文化に深く根付いている」こと、「日本酒の呼称は、江戸時代にオランダにJapansch-Zaky（日本酒）として輸出されていた記録があるが、少なくとも明治時代以降の文献で多く用いられていることから、…近代化とともに日本国民に定着することにより、日本酒の呼称が確立してきた」ことなどを挙げています。

そして、品質につき、「同じ醸造酒であるビールやワインに比べ、旨味成分であるアミノ酸やペプチドを多く含み、おだやかな酸味と甘味を有している」こと（官能的要素）や、「コウジカビを用いて製造する『米こうじ』を使用する製法は『日本酒』製造に特有のもの」であること（微生物学的要素）などを挙げています。

12　行政機関における「和牛」の定義

さて、それならば、日本酒と同じく日本全国を生産地とする、「和牛」の地理的表示登録は可能でしょうか。以下では、そもそも「和牛」とは何を意味するか、そして、現時点で「和牛」は普通名称化しているのか否かについて考えてみます。

まずは、行政機関における「和牛」の扱いをみることから始めます。

上述［本書第三章4］のように、和牛ガイドラインでは、「和牛」を主に四品種の総称と見ていますが、こうした見方は昭和の初期に遡ります。

昭和十年代初頭までは、役肉用牛の登録は各地方登録団体において行われており、各地方の牛はその地方の種類として固定されるべきという見地から、「因伯種」、「島根種」などの呼称がありました。しかるに、一九三七年の「牛登録及乳牛能力検定事業省令規則」（農林省令五三号）により、中央畜産会が全国を対象とする中央登録団体となり、登録は同会が一元的に行うようになりました。

そして一九三八年に、中央畜産会において、全国の役肉用牛を、黒毛和種、褐毛和種および無角和種に大別し、登録を実施することが決議されました。その後、登録業務を引き継いだ農業会（一九四三年発足の農業統制機関）において、一九四四年に、「和牛を固定種とみなし、『改良和種』という名称を廃止し、黒毛和種、褐毛和種および無角和種とすることが決定」されました。

加えて、一九五四年に、岩手県では褐毛東北種と呼ばれ、青森、秋田両県では東北短角種と呼ばれていたものを日本短角種という名称に統一し、一九五七年に日本短角種登録協会が設立されました。その後、食肉の公正競争規約（一九九五年制定、二〇一六年改訂）において、「(1)黒毛和種、(2)褐毛和種、(3)日本短角種、(4)無角和種、(5)(1)〜(4)の品種間の交配による交雑種、(6)(5)と(1)〜(5)の交配による交雑種」以外に「和牛」と表示することが禁じられました。

和牛ガイドラインでは、食肉公正競争規約の規定する(1)から(6)の品種で、日本において生産されたものに限って「和牛」と表示すべきことが定められたことは、上述［本書第三章4］の通りです。

【参考文献】

岡山県畜産史編纂委員会『岡山県畜産史』（岡山県畜産史編纂委員会、一九八〇年）。
上坂章次『和牛飼育精説』（朝倉出版、一九四二年）。
正田陽一編『品種改良の世界史』（悠書館、二〇一〇年）。

13 「和牛」に関する専門書・辞書の記述

続いて、「和牛」という用語が、専門家の著書や辞書（『広辞苑』）においてどのように言及されているかを概観してみます。以下は、主要な専門書や辞書を網羅的に調査したものではなく、あくまで私の周囲にある専門書などのみを対象としたアトランダムな調査の結果に過ぎませんが（辞書は広辞苑のみです）、ある程度の傾向を推測する手掛かりにはなると考えています。

結論を先に言いますと、管見の限りでは、それら専門書などは、「和牛」を、①改良品種（明治以来の改良によって昭和初期に成立した品種）とみるものと、②改良品種のみならず日本産又は在来種をも含むとみるものとに大別されます。大きな流れは、時代を経るにつれて②→①です。

まず、専門書から見ていきます。

石原盛衛博士（元全国和牛登録協会顧問）は、一九四九年の著書『和牛』（共立出版）において、「昭和一九年には和牛は既にこれを一つの固定種と見なしても実際上差支えない程度に迄改良されてきたので、昭和一九年八月和牛はこれを分かって、黒毛和種、無角和種、褐毛和種とすることに決定した」と述べていますが（二二頁）、同じ著書の別の箇所で次のように趣を異にする叙述を行っています。

「和牛は既に神世において飼養された。」（一二頁）

「和牛は明治末葉迄《まで》専ら農耕養牛として使用されてきたものであり」（三頁）

「和牛の改良を目的に外国種を輸入したのは明治三三年が初めてである。」（一五頁）

これらの叙述では、「和牛」という用語に、改良品種というよりも、国産牛ないしは日本の在来種という意味を与えています。同じような叙述は、一九五五年の芝田清吾博士（元三重大学教授）の著書『和牛新論』（富民社）の中にも見られます。

「私たち日本人の祖先は、いつごろから何の目的で牛を飼い始めたのであろう。この遠い昔の和牛の姿を探ることは、現代の和牛と何の関係もないように見えるかもしれない。」（一頁）

他方、二〇一〇年の松川正博士（元　農林水産省畜産試験場長）の著作にある以下の記述は、①の立場であると目されます。

「和牛という言葉は現在では、広い意味では、日本で改良された肉用牛四品種、黒毛和種、褐毛和種、日本短角種、無角和種の総称として用いられ、狭い意味では黒毛和種のみを指すものとして用いられている」（正田陽一編『品種改良の世界史』悠書館〔松川正執筆部分〕、九三頁）。

次に、辞書の記述を見ていきます。以下では、『広辞苑』における「和牛」の記述を第一版から順にみていきます。

一九五五年の第一版には、「我国に古くから産する畜牛。黒色毛で労役・食肉の兼用となる。」とあり、どちらかというと②の立場であろうと思われます。

一九六九年の第二版には「わが国に古くから産する畜牛と、明治・大正時代にヨーロッパなどからの輸入種を使ってこれを改良したものを含めた称。黒毛和種・褐毛和種・無角和種・日本短角種の四種があり、労役・食肉兼用。」とあり、やはり②の立場に立っていると思われます。この記述が、一九八三年の第三版でもそのまま維持され、一九九一年の第四版と一九九八年の第五版を経て、二〇〇八年の第六版まで骨格は維持されます。第六版の記述は以下の通りです。

「家畜のウシのうち、日本の在来種と、明治以後にヨーロッパなどからの輸入種を使ってこれを改良したものとの総称。在来種には山口県見島の見島牛があり、天然記念物。改良種には、黒毛和種・褐毛和種・無角和種・日本短角種の四種があり、かつては労役にも使用したが、現在は食肉用。」

こうした記述が様変わりしたのが、二〇一八年の第七版です。第七版では次のような記述になっています。

「日本の牛の肉用種である、黒毛和種・褐毛和種・無角和種・日本短角種の総称。明治期に導入した外国種と日本在来種との交配種から改良を重ねて作出された。かつては労役にも使用。」

加えて第七版から初めて「国産牛」という項目が立てられ、そこでは、「国内で生まれた、もしくは国内で長く肥育された牛。また、その食肉。特に和牛以外の品種にいう。」と記述されています。かくして、現在の広辞苑は①の立場に立っていると思われ、そうであるならば、「和牛」を普通名称とする主張の一つの根拠になるかもしれません。

14　「和牛」に関する消費者の認識

上述［本書第三章6］のように、TPP協定では消費者の理解の如何を分析する要素として、辞書における扱いを挙げていますので、広辞苑の記述は一定の重みがありそうです。ただ、消費者の認識を把握する上では、消費者を対象とするアンケートにも一定の意義があると思われます。そこで、私（筆者）が勤務先大学（茨城大学）で担当しております授業において、計三回、受講者を対象にアンケートを行い、「和牛」に関する学生の認識を調査したことがありますのでその結果を紹介します。

第一回目は、二〇一九年五月三〇日の授業で実施。受講者（回答者）は茨城大学人文社会科学部所属の学生（三年生及び四年生）八〇名です。

第二回目は、二〇二二年一一月二一日三限の授業で実施。受講者（回答者）は茨城大学人文社会科学部所属の学生（二年生、三年生及び四年生）七三名です。

第三回目は第二回目と同日の二〇二二年一一月二一日に、四限の授業で実施。受講者（回答者）は茨城大学人文社会科学部、教育学部及び理学部所属の学生（一年生）七九名と、社会人受講者二名（計八一名）です。第一回目から第三回目までの調査では、受講者（回答者）に重複は生じていません。三回とも、「和牛」の背景事情については一切解説しないまま、以下の質問への回答を求めました。

① 「和牛」という用語をどのように理解していますか。以下のいずれかを選択してください。

［あ］特定品種の牛を意味する用語
［い］日本産の牛を意味する用語
［う］日本産で、且つ、特定品種の牛を意味する用語

② 外国産の牛が原産国名を添えて「和牛」と称すること（たとえば、「米国産和牛」「豪州産和牛」などと表示して販売・提供されること）に違和感はありますか。以下のいずれかを選択してください。

［え］はい
［お］いいえ

結果は以下の通りです。

●第一回目調査

①［あ］一五名（うち、［え］と回答した者が六名、［お］と回答した者が九名）
［い］三〇名（うち、［え］と回答した者が二六名、［お］と回答した者が四名）
［う］三五名（うち、［え］と回答した者が三三名、［お］と回答した者が二名）

②［え］六五名
［お］一五名

●第二回目調査

①［あ］二一名（うち、［え］と回答した者が八名、［お］と回答した者が一三名）
［い］二四名（うち、［え］と回答した者が一九名、［お］と回答した者が五名）
［う］二八名（うち、［え］と回答した者が二五名、［お］と回答した者が三名）

②［え］五二名
［お］二一名

●第三回目調査

①［あ］一九名（うち、［え］と回答した者が八名、［お］と回答した者が一一名）

［い］三〇名（うち、［え］と回答した者が二六名、［お］と回答した者が四名）
［う］三二名（うち、［え］と回答した者が三一名、［お］と回答した者が一名）
② ［え］六五名
［お］一六名

「和牛」は日本産であることを含意すると考える学生（［い］と回答した学生と、［う］と回答した学生）が、第一回目調査で八〇名中六五名、第二回目調査で七三名中五二名、第三回目調査で八一名中六二名です。いずれも傾向は大きくは変わりません。

また、①の問いに「あ」と回答している学生の一定数が②の問いに「え」と回答していることが興味深く感じられます。第三回調査で「あ」→「え」という回答を行った学生は、アンケート調査の備考欄で「黒毛和牛という言葉があるので、和牛というものもやはり品種名なのではないかと感じた。しかし、『和』という漢字が使われているため、日本以外の国が生産地であると少し違和感を覚える。」と語っています。

この調査結果が日本の平均的消費者の認識を反映しているとすれば、消費者は広辞苑とは違う認識を持っている可能性があります。そのことは、「和牛」が普通名称化していない、という主張の一つの根拠になるかもしれません（ただし、上述［本書第三章5］の名称審査基準は、普通名称化の有無の判断のために辞典の記載を勘案できる旨を明示していますが、アンケートには言及していないことを付言しておきます）。

15　普通名称化の功罪

上述［本書第三章5］のように、普通名称の登録が許されないことは、商標法・地理的表示法において共通しますが、登録後の名称の扱いには相違があります。つまり、日本の地理的表示法では不当使用が商標法よりも厳格に禁じられていること［本書第一章5を参照］や、ＥＵでは凍結条項［本書第三章8を参照］が設けられていることなどから、地理的表示法は普通名称化に対してより強い抵抗力があると考えられます。

産地名称は、当初から複数の生産者によって用いられるのであり、本来的に普通名称化の危険をはらむといってよいでしょうし、それら生産者が大きな成功を収めるほどに、その名称が普通名称として扱われるおそれも大きくなります。地理的表示法は、このように本質的に普通名称化に脆弱な産地名称を安定的かつ長期的に保護するための、保護制度の完成形であるといってよいと思われます［本書第一章5を参照］。

こうした制度設計の根底には普通名称化をいわば絶対悪とみる発想がありますが、これとは逆に、産地名称の普通名称化によって名称の自由利用が可能となる状態を肯定的に評価する論者もいます。

そうした評価の根拠は明快です。元来の生産地（原産地）外の生産者が、原産地内で生産される産品と同じか、似た産品を生産できるならば、産地名称の表示を許すことが、原産地外の生産者にとって便利です。そして、真正の生産地の表示を義務付けるのであれば（たとえば「米国産和牛」など）、消費者の誤認のおそれもなくなりますし、産品の特徴をわかりやすく伝達できるという点で消費者にとっても便利に働くこともあると想定されるからです。

加えて、原産地外の生産者による産地名称の使用が、結果的に産品の宣伝になるならば、原産地の生産者にとっても必ずしも悪いことではないという見方もあり得ます。原産地外の生産者に高めてもらった知名度を足掛かりにして、真性の産品の一層優れた品質を消費者にアピールすることも不可能ではないと考えられるからです。

しかし、原産地外で生産された産品が粗悪な模造品であれば、消費者からの信頼が失墜してしまい、原産地の生産者がいくら努力しても汚名を返上することはできなくなってしまうかもしれません。そうなりますと、原産地内で生産された産品に対する信頼が損なわれ、価格の下落につながり、品質水準の維持もままならなくなってしまうおそれもあります。その結果、優良な産品が世の中から失われることになれば、生産者にとっても消費者にとっても実に不幸なことです。こうしたおそれを重くみるのであれば、地理的表示法の下で産地名称を安定的にコントロールし、でき得る限り普通名称化を回避すべしという結論になりそうです。

16「和牛」の地理的表示登録の可能性

和牛本来の魅力を正しく維持している海外産の牛が「和牛」と名乗るならば、日本の生産者にとっては手ごわい競争相手になり得ます。しかし、海外の生産者が和牛の世界的な知名度を高め、市場を拡大してくれるのであれば、日本の生産者が裨益することもあるかもしれません。また、「和牛」を名乗る牛肉が日本を含む世界の消費者を満足させられるならば、世界の食文化を豊かにします。

他方で、粗悪品や、和牛本来の魅力を欠く牛肉が「和牛」と称することがまかり通り、和牛そのものが信頼を失ってしまえば、日本の生産者にとっても消費者にとっても不幸なことです。前出の小林・渡邊両氏によれば、米国Ｗａｇｙｕ協会のマイケル・ビーティ事務局長は、「米国産Ｗａｇｙｕは、品質面では日本国産和牛肉に対抗できないことが明白なので、生産者は米国内市場での付加価値化を目指しており、日本の和牛生産者の脅威とはならない」と述べているそうです（小林＝渡邊、六三頁）。ビーティ事務局長は日本側の不安を和らげるつもりでこうしたことを発言しているのでしょうが、低品質のＷａｇｙｕが米国に定着し、和牛の信頼が破壊されてしまうのではないかとかえって不安を感じます。

私（筆者）自身は、和牛の国際的な普及や伝搬が今まさに進行しつつあることを思えば、「和牛」の名称の管理を強めることを検討すべきであると考えます（かつて豪州の酒造メーカーが「ブルゴーニュ」や「シャンパン」の生産を開始した時のように［本書第三章7を参照］、海外の生産者が和牛の生産に真摯に取り組んでくれるという保証はありませんし、米国における「神戸ビーフ」の扱いの酷さ［本書第三章4を参照］を思えば不安を感じずにはいられません）。日本において地理的表示登録することができるならば、少なくとも管理強化の最初の一歩にはなります。

と言いますのは、上述［本書第二章1］のように、ＴＲＩＰＳ協定二四条九項の定めにより、日本において「和牛」を保護することが、他国に対して「和牛」の保護を求める上での前提となるからです。

なお、和牛ガイドラインにつきまして、地理的表示法が制定されていなかった二〇〇七年の時点で制定されたことは評価に値すると考えますが、米国の批判にも一定の理があることは否定できません。また、和牛ガイドラインによって達成しようとしていることは、地理的表示法が制定された今日にあっては、地理的表示登録という形で行うのが筋であると考えます。

以上みてきましたように、農林水産省は、個々の和牛銘柄につき品質中立主義を採用する方針を打ち出しました。国税庁も同じく品質中立主義を採用することを明らかにしている他、「日本酒」を保護対象とすることで、国名それ自体を指定（登録）対象とし、国土全体を生産地とする産品を保護対象とする判断を下しました。これらは「和牛」の地理的表示登録に親和的ないしは整合性のある判断であるといえます。現時点では、「和牛」は普通名称化していないと考える余地があると思われますので、検討する価値はあるのではないでしょうか。

【参考文献】

小林誠＝渡邊陽介「米国のWagyu生産の現状」畜産の情報三〇四号六二頁（二〇一五年）。

17 海外における日本の産地名称の商標・地理的表示登録

さて、上述［本書第三章3］のように、日本は和牛の生体資源の流出を阻止することができませんでした。和牛以外にも、イチゴ、葡萄、リンゴなど、流出が取りざたされた例は枚挙にいとまがありません。ですので、せめて名前だけでも守ることができればと考えるのですが、それもお寒い状況です。

米国では「神戸ビーフ」という名称が勝手に使われてしまい、普通名称化してしまっているという評価があることは上述［本書第三章4］しましたが、日本の産地名称は、海外で普通名称化の危機に瀕しつつあることに加えて、諸外国で勝手に商標登録されてしまうことも度々です。

日本の場合には漢字圏であるがゆえに、とりわけ中国での被害が多発しています。

ジェトロの二〇二二年度（第二回）の調査によれば（調査期間は、二〇二二年八月一日〜二〇二二年九月二七日）、「中国等外国企業・個人」により多数の日本の都道府県名と政令指定都市名が商標登録されています。都道府県名は三一名称、政令指定都市名は八名称です（川崎、北九州、神戸、堺、相模原、名古屋、浜松、横浜）。

次に、日本の地域団体商標と同じ名称が、多数、中国等外国企業・個人により中国において商標登録出願されています。その数は四〇件に及び、うち三〇件以上が登録されてしまっています。たとえば、「なると金時」については「鸣门金时」での登録がなされ、「中津唐揚げ」については「中津唐扬」での登録がなされています。その他、手工芸品の名称も多数登録されていまして、たとえば、「笠間焼」、「京扇子」、「九谷焼」、「信楽焼」、「常滑焼」、「南部鉄器」、「備前焼」、「美濃和紙」など、日本でかなり名の通った名称も中国で商標登録されています。「熱海温泉」、「有馬温泉」、「草津温泉」なども中国で商標登録されていますが、誰が何のために登録したのか不思議です。

加えて、日本の地理的表示である「八丁味噌」も、中国等外国企業・個人により中国で登録されています。こうした状況は東南アジア諸国でも見受けられます。前出［本書第二章11］のシンクタンクであるメロス・コンサルティングの調査によれば（二〇二〇年一月八日の時点のデータ）、日本で地理的表示登録された日本の産地名称（又はそれを含む名称）が、東南アジア各国で、現地や第三国の企業によって、商標登録（出願）されてしまっています。たとえば、シンガポールでは、米国企業が「極黒牛 Kobe-style beef」という商標登録を得ています。マレーシアでは、マレーシア企業が「神戸ビーフ Kobe Beef」という商標の登録を出願中です。タイでは、タイ企業が、「Matsusaka Gyu」、「Omi Gyu」という商標の登録を出願中です。

こうした不条理がまかり通るのは残念ですが、日本がこれらの国々と相互保護を行っていない以上は、生産者や団体が、法的措置を講じていくほかはありません。その際に、日本国内で地理的表示登録を得ておくことは武器になります。

TRIPS協定には、登録済みの地理的表示を商標登録することを制限する規定がありますす。そして、TRIPS協定加盟国は、国内において協定上の義務を履行するために国内法を整備しなければなりません。

たとえば中国も、国内法（商標法）において、地理的表示が含まれる商標の登録を禁止する規定を設けています。また、有名な外国地名を商標として登録することを禁止する規定もあります。現に、チェコのピルセン市産ビールの地理的表示である「Pilsen（ピルゼン）」につき、チェコ側が、中国商標法の関係規定に基づき、商標登録を阻止した例が報告されています。

また、日本側にしても、海外勢からやられっぱなしというわけではありません。ここまで述べてきたような現象とは逆に、アジア各国で、日本の生産者団体が、自身の産地名称の登録を得る動きも散見されます。上記メロス・コンサルティングの調査によりますと、「但馬牛」と「神戸ビーフ」の生産者団体（神戸肉流通推進協議会）が、シンガポール、タイ、ベトナムなどで商標登録を得ています。

その他、タイでは、日本の五つの生産者団体（「市田柿」、「鹿児島黒牛」など）が地理的表示登録を申請中です。また、ベトナムでは、「近江牛」の生産者団体が商標登録を得ている他、「市田柿」、「みやぎサーモン」、「鹿児島黒牛」につき、日本の生産者団体が地理的表示登録を申請しています。

【参考文献】

ジェトロ北京センター知的財産部『中国商標権冒認出願対策マニュアル二〇〇九年改訂増補版』（ジェトロウェブサイト、二〇〇九年）。
メロス・コンサルティング『平成三〇年度 主要輸出国の知財制度等実態調査委託事業 報告書』（農林水産省ウェブサイト、二〇二〇年）。

18　八丁味噌を巡る紛争

ところで、本書の中で、「八丁味噌」について言及することがありました。八丁味噌は日本の地理的表示制度において象徴的な意味を持つ名称です。

まず、上述［本書第三章5］しましたように、八丁味噌は嘗て、商標登録をめぐって争いが生じたことがあります。加えて、上述［本書第三章1］しましたように、加工度が高い産品の登録が少ない日本の地理的表示法において貴重な加工食品の登録例でもあります。そして、中国で商標登録されてしまった名称でもあります［本書第三章17参照］。さらに、これから述べますように、地理的表示登録の是非につき、行政不服審査と取消訴訟の対象となった日本で初めての例でもあります。上述［本書第一章10］のクラテッロ・ディ・ジベッロを巡る争いに似たところが多い事件です。

この争いの元来の当事者は、①八丁味噌協同組合（以下、八丁組合）と②愛知県味噌溜醤油工業組合（以下、愛知県工業組合）です。

①は、江戸時代以来、八丁味噌の発祥地である岡崎市八帖町において伝統的な生産方法により豆味噌の生産を続けてきた二社（「合資会社八丁味噌（屋号、カクキュー）」と「株式会社ま

るや八丁味噌」）から成る生産者団体です。この二社を以下では「八帖町二社」といいます。②は、工業的生産方法により豆味噌を生産している複数企業から成る生産者団体です。②に属する企業は愛知県全土に点在しています。後述［本書第三章19］の「愛知六社」は、②に属しています。

二〇一五年に、これら①②が地理的表示登録を目指してそれぞれ別個に申請を行いました（①は六月一日、②は六月二四日）。それぞれの申請内容は以下の通りです。

①…愛知県岡崎市八帖町のみを生産地と画定。生産方法は伝統的な生産方法（仕込み樽は木桶のみ、重石として石を三トン積み上げることなど）に限られる。

②…愛知県全域を生産地と画定。生産方法は工業的な生産方法（仕込み樽はタンクで可、重しの形状は不問など）を容認。

当初は①②間での合意が模索されましたが、合意を形成することはできませんでした。そうした中で、①は、二〇一七年六月一四日に申請を取り下げたため、②の申請のみが審査対象となり、結果として、②の申請が農林水産省の審査に合格し、二〇一七年一二月一五日に地理的表示登録されました。

栩木誠博士は、①が申請を取り下げたのは、以下のような事情があったためと言っています（栩木、九一頁）。

●「農林水産省は、八帖町だけでは狭すぎるとして、二社に再考を求めた」。

●当時の審査基準には、「地域内の合意が登録の前提になるという記述があるだけに、『当方が申請を取り下げれば、［愛知県工業組合］側の申請も認められなくなるはず』と読んだ二社は申請を取り下げた」。

また、合資会社八丁味噌の代表社員である一九代目早川久右エ門氏は、次のように語っています（早川一五一頁）。

「申請を拒絶されて江戸時代から続く伝統の八丁味噌の名前に傷がつくのを避けるために：申請をいったん取り下げることとした」。

いずれにしても②の申請が通り、②が地理的表示登録を得たわけですが、これを不満として、①と、①の所属企業が各種手続きを講じ、以下のような経緯で争いが続きました。

●二〇一八年三月一四日　①は、行政不服審査法に基づき農林水産大臣に対して審査請求。
●二〇一九年五月二七日　農林水産大臣から行政不服審査会に諮問。
●二〇一九年九月二七日　諮問に対し総務省行政不服審査会が答申。
●二〇二一年三月一二日　第三者委員会報告書（農林水産大臣の社会的評価に関する考え方は妥当であると結論）。
●二〇二一年三月一九日　農林水産大臣の裁決。問題の地理的表示登録には違法性はないとして、①による審査請求を棄却。
●二〇二一年九月一七日　株式会社まるや八丁味噌が、八丁味噌の地理的表示登録の取消しを求めて東京地裁に提訴。
●二〇二二年六月二八日　東京地裁判決。主に出訴期間（「処分又は裁決があったことを知った日から6箇月」…行政事件訴訟法14条）徒過を理由として株式会社まるや八丁味噌の訴えを却下。

【参考文献】

栩木誠「農政展望第九二回　八丁味噌のＧＩ登録巡り、業者が提訴」経営実務二〇二一年一一月号九〇頁（二〇二一年）。

早川久右衛門『カクキュー八丁味噌の今昔　味一筋に十九代』（中部経済新聞社、二〇二一年）。

19　八丁味噌の社会的評価

以上の一連の紛争につき、在野の議論では、農林水産省の登録判断はテロワール軽視であるという見地からの批判が見られます。たとえば日本農業新聞は、そのような観点から次のように論評しています（二〇一八年一月三一日）。

「昔ながらの原材料と製法にこだわって生産している人たちの権利保護を徹底しているのが、［地理的表示］先進地の欧州だ。日本で仕組みが動きだした一五年夏、イタリアのある農村地域でパルマハムを製造する関係者に話を聞いたことがある。この人は特定の地域で受け継がれたノウハウに従って生産・加工・製造した証しとなるPDO…マークを貼った商品を手に、こう言った。『メルセデス・ベンツやフェラーリぐらい有名なハム。昔の作り方をかたくなに守ってきた。［地理的表示］を取るのは特別でも何でもない』日本はどうか。伝統を軽んじ、最も大事にすべきところを置き去りにすることがあってはならない。」［カッコ内は筆者」

以上の主張は、それ自体としては、大変説得的なものです。しかし、実のところ行政不服審査会答申では、そもそもテロワール重視のみが地理的表示法における正当な考え方であるという立場をとっていません。行政不服審査会は、日本の地理的表示法をEUや欧州諸国などと同じように解釈し、社会的評価に基づく地理的表示登録に異を唱えていません。その上で、農林水産大臣に対し社会的評価についての検討が不十分であると批判し、「［農林水産大臣の］判断は、現時点では妥当とはいえない」と結論しました。

この論点に関して行政不服審査会は幾つかの角度から問題を提起しましたが、とりわけ重要と思われるのは次のような問題です。

八丁味噌と称されている豆味噌に社会的評価が付着しているという見方が妥当であるとしても、その社会的評価は、江戸時代から生産を続けてきた八帖町の生産者二社（八帖町二社）が生産する豆味噌に対するものではないか？　八帖町の外で生産され、八丁味噌と称して販売されている豆味噌に付着している社会的評価とは言い難いのではないか？

この問題につき考えるため、農林水産大臣の採決（及びそれに先立つ第三者委員会報告書）

では、以下のような事実が認定されました。

●一九二八年に愛知県工業組合に所属する生産者（中利株式会社）が製造販売した「昭和八丁味噌」を嚆矢とし、昭和初期以降「八丁味噌」という名称の味噌を生産する業者が増加し、八丁味噌の地理的表示登録時点で、岡崎市外の愛知県各地に分布して所在する六社（以下、愛知六社）が自身の生産する味噌を「八丁味噌」と銘打って販売していること。

●二〇一六年の愛知六社の「八丁味噌」の出荷量は、八帖町二社の「八丁味噌」の出荷量の約八三%にのぼり、その生産量は相当な規模になっていること。

●愛知六社は、「八丁味噌」の文字を構成中に含む商標の登録を受け、自社の商品を示す名称として「八丁味噌」を使用し続けてきたこと。

●愛知六社の一つであるイチビキ株式会社が大正時代に特許を取得したみそ玉製造機があるが、同社はこの特許を独占せず、広く豆味噌製造業者に開示したこと。そして、豆味噌作りの基本技術として広く使われ、また、みそ玉製造機を八帖町二社も所有していたこと。

●愛知六社の生産する「八丁味噌」が、味噌カツ、みそだれ、味噌煮込みなどいわゆる「名古屋めし」の調味料として用いられていること。つまり、外食産業や加工品などに使用されていることにより、「名古屋めし」の代表的な調味料として愛知県内に定着し、愛知県の特産品として認知されていること。
●愛知六社が製造する豆味噌と八帖町二社が製造する豆味噌はともに、「八丁味噌」と称して販売されるものとそうでないものとの間で一・五倍～二倍程度の価格差がみられること。
●愛知六社と八帖町二社の一部の「八丁味噌」は同価格帯で販売されており、愛知六社の八丁味噌と八帖町二社の八丁味噌の販売価格において、明確な差があるとは認められないこと。

申し遅れましたが、私（筆者）は、第三者委員会に所属し、この件についての審議に参加しました。（同委員会についての本書における論述は全て公開の情報に基づくものであり、意見に渡る箇所は私（筆者）の個人的見解であることを申し添えます）。そして、同委員会は以上の事実認定を踏まえ、結論として、愛知六社は八丁味噌の社会的評価の確立に一定の寄与をしているし、愛知六社が八丁味噌と称して生産販売している豆味噌にも社会的評価が付着している、と判断しました。その後（二〇二一年三月一九日）の農林水産大臣採決もほぼ同じ認識に基づくものと思われます。
なお、おそらくは二〇二二年六月二八日の東京地裁判決も同じような見方に立っていると考えられます。

「証拠…及び弁論の全趣旨によれば、八丁味噌の発祥は、原告が製造販売する八帖町であるものの、その製造地域は、昭和初期には周辺地域に広がり、その後愛知県全域にまで及ぶに至っており、これに関する社会の認知も同じく広がっている事実が現に認められる」。

20　八丁味噌の今後

私（筆者）は、八帖町二社の歴史を心から尊敬する者です。両社とも、遅くとも江戸時代から、八帖の地で生産を続けてきました。早くから、品質向上に取り組み、明治時代には国際的な賞を受賞するまでになりました。早くから輸出に成功してきたことも尊敬に値します。

また、伝統的な生産方法や品質維持への拘りには崇敬の念を感じます。まるや八丁味噌社長の浅井延太郎氏は次のように言います（関本、五三頁）。

「［戦時中に］価格統制令により八丁味噌の生産が八年間にわたって中止に追い込まれたことがありました。なぜそうなったのかというと、このときに決められた価格が従来の八丁味噌の価格を三分の一下回っていたため、製法を変える必要がありましたが、弊社もカクキューさんも絶対に受け入れなかったからです。両社とも大打撃だったことは間違いないのですが、私が素晴らしいと思うのは、八丁味噌といえない偽物は絶対に世の中に出してはならないという職人たちの誇りと心意気で、こうしたこだわりの部分はこれからも絶対に忘れてはいけない究極のDNAじゃないかと思っています。」

そして、カクキューの代表社員である、一九代目早川久右衛門氏は次のように語っています（早川、九九頁）。

「味噌を仕込んだ木桶一本に対して約三五〇個、総量にして約三トンの重石を手作業で円錐状に積み上げなければならない。中には六〇キロ以上の重石もある。なおかつ、自身が来ても崩れないほどしっかりと、丁寧に積み上げていかなければならない」。

発祥の地におけるこうした取組みがあったからこそ、今日の八丁味噌の栄光があることを決して忘れてはなりません。しかし、地理的表示法は、発祥地の生産者のみを保護するわけではありません。結び付きが認められれば保護に値するというのが、地理的表示法の考え方なのです。老舗は敬われるべきです。しかし、大正時代や昭和時代に操業していた中利株式会社やイチビキも、普通の感覚で考えればかなりの老舗ですし、上述のように社会的評価の確立に寄与していると言えるだけの論拠が多々あるのです。

ですので、八帖町二社のみならず愛知工業組合六社に対しても敬意を表し、後者を保護対象にするという判断は、今日の地理的表示法学において決して奇異な見方ではないと考えます。

そして、八帖町二社を保護することはこれからでも十分に可能です。八丁組合が、登録地理的表示を承認し、自身も登録地理的表示「八丁味噌」の二番目の登録生産者団体として追加登録［本書第一章1※］を申請すればよいのです。そして、自身はより伝統的な生産方法を採用すればよいのです。そうすれば、愛知工業組合の所属生産者と同じ土俵に上ることができます。また、第三者委員会報告書が提案しているように、伝統的な生産方法に基づく八丁味噌のみが「元祖八丁味噌」といった名称を使用できることにすれば、愛知工業組合の八丁味噌と差別化することもできます。そして元祖八丁味噌の人気が高まれば、やがて愛知工業組合の所属生産者も、八帖町二社と同様の伝統的な生産方法を取り入れることになるかもしれません。そうすれば、浅井慎太郎社長がかねがね言っておりますように「伝道師としての役割」を果たすことができるのではないでしょうか（事業構想大学院大学、一二三頁）。

地理的表示法の定めでは、八帖町二社は、登録から七年間はこれまでと同じように「八丁味噌」と名乗ることができます。これを先使用権と言います。その七年経過後も、登録八丁味噌との混同を防ぐのに適当な表示を付せば（傍線筆者）、「八丁味噌」と名乗ることができます（八帖町二社も愛知県内の生産者であるためです）。「登録八丁味噌との混同を防ぐのに適当な表示」とは、たとえば「本商品は地理的表示登録された八丁味噌ではありません」といった説明書きを商品に書き入れる必要があるということです。これでは八帖町二社はブランドイメージを損なってしまうことになるのではないでしょうか。

【参考文献】

事業構想大学院大学「まるや八丁味噌　天然醸造を約七〇〇年継承　時間に育まれた伝統の八丁味噌づくり」事業構想一一二巻三号一二二頁（二〇二二年）。

関本しげる「三方よし　老舗のＤＮＡ　百年超企業は改革を恐れない　事業の拡大を望まず継続を優先する　まるや八丁味噌」月刊人事マネジメント二三巻一号五二頁（二〇一三年）。

早川久右衛門『カクキュー八丁味噌の今昔』（中部経済新聞社、二〇二一年）。

前川洋一郎『なぜあの会社は百年も繁盛しているのか』（ＰＨＰ研究所、二〇一五年）。

21　審査基準の改訂

さて、二〇二二年は、地理的表示法にとって、八丁味噌事件東京地裁判決に並ぶ、大きなイベントがありました。審査基準（「農林水産物等審査基準」）の改訂です。重要な改正点を三つほど、以下に紹介します。

第一に、上述［本書第三章10］した黒毛和牛基準が廃止されました。

第二に、改訂前は、二五年程度の生産実績が、登録の要件として求められていました。この点については法律上の明文の定めはありません。地理的表示法二条二項二号の「品質、社会的評価その他の確立した特性」［本書第二章12］の「確立した」という文言につき審査基準の中で概ね二五年という解釈を示してきたということです。しかし、以下の条件を満たす場合には、生産実績二五年に満たない場合であっても、登録できることになりました。

●「需要者の認識、模倣品の発生状況等に照らし…その名称が国内又は海外において周知性を有していると認められる場合」

●「地域の祭事や郷土料理等の地域の文化との繋がりを有しているなど、当該生産地の特産品として定着していると認められる場合」

この改訂が、基準の緩和をもたらすのか、それとも厳格なハードルを新たに用意したということなのかは、まだよくわかりません。今後の運用に注目する必要があります。個人的な思いとしては、この新たな要件は、加工食品のみに適用することが望ましいと思います。そして、野菜や果物についてはこれまでと同じように二五年というハードルを維持するのがよいと思います。

第三に、改訂された審査基準（以下、改訂審査基準）では、通則として次のような考え方が明記されました。

「「登録可否」の判断に当たっては、申請農林水産物等が特定の場所、地域又は国を生産地とし、当該生産地ならではの気候、風土等の自然的要因又は史実、風習、製法、立地等の人的要因の中で育まれてきた結果として具現化している品質、伝統、評判などの特性を有しているかどうかという観点から判断することを旨とする。」（傍線筆者）

以上のうち、「自然的要因又は人的要因」という一節が注目されます。この表現は、改訂審査基準の他の箇所にも見られますので、それを以下に紹介しておきます。

結び付きとは「生産地特有の自然的要因又は人的要因が特性と強く結び付いていること（地域ならではの『ものがたり』）を矛盾なく合理的に説明できることをいう」（傍線筆者）

改訂前の審査基準では、結び付きについては例示によって説明されていました。そして、そこでは自然的要因との結び付きが肯定される場合と、人的要因との結び付きが肯定される場合をそれぞれ示していましたので、今回の改訂の前後で実質的な変化はないのかもしれません。しかし今回の改訂で、立場をより明確にしたことは評価に値すると思われます。

なお、改訂審査基準では、人的要因の内実として、「史実、文化、風習、生産方法、技術、製法、品種の選択、生産実態、販売戦略、立地等」（傍線筆者）を挙げていますが、私（筆者）自身は、これらの内、「史実」に関しては、社会的評価を示す要素と整理することもできるのではないか、と感じています。

次に、改訂審査基準の「品質、伝統、評判等の特性」という記述についてですが、この記述は、社会的評価のみで地理的表示登録の要件を満たすという方針、つまり品質中立主義［本書第二章16を参照］の採用を打ち出しているものと思われます。同じ認識を示しているとみられるものとして、農林水産省ウェブサイトに、今回の改訂を解説した資料がありますので、その一部を紹介しておきます

「差別化された品質がなくとも、地域における自然的・人文的・社会的な要因・環境の中で育まれてきた品質、製法、評判、ものがたり等のその産品独自の多彩な特性を評価する審査を推進」（傍線筆者）

そして、社会的評価の内実については、改訂審査基準は次のように説明しています。

「社会的評価を特性とするものにあっては、過去の評判及び現在の評判（過去又は現在における受賞歴、市場での取引価格、消費者や市場関係者等の需要者からの認識・評価等）を評価する。」

大変簡潔な説明ですが、上述［本書第三章14］したＷＩＰＯの考え方と方向性を同じくするものであると思われます。

いずれにしても、以上の改訂は、ＥＵに似た法運用を目指すことの表れと評価できます。そして私（筆者）自身は、この改訂により、加工食品や付加価値が高い産品の登録が増えることを期待しています。ただ、改訂審査基準に対して全く懸念がないわけではありません。改訂審査基準は、人的要因と社会的評価を重視する法運用を明文で容認したと考えられます。そうすると、ある程度は科学的に検証可能な自然的要因や、少なくとも経験的に把握することが可能な品質ではなく、技術、ノウハウ、歴史、文化、世論などの捉えどころがない要素に着目していくことになります。そうすると安定的、画一的な判断や合理的な決定は難しくなるかもしれません。国民に決定の合理性を納得させることができなければ、内藤恵久博士が指摘するように、地理的表示制度そのものへの国民の信頼が揺らいでしまうかもしれません。

この点に関連して、改訂審査基準の中に「ものがたり」という、およそ法律関係の文書にはそぐわない用語が大胆に用いられていることについての感想を一言申し述べておきます。この用語は改訂以前の審査基準には見られなかったものです。

私（筆者）が地理的表示制度の研究を始めたところ、アンジェラ・トレッジャー博士という食品マーケティングの専門家の論考中の地理的表示産品を含む一切の特産品は「伝統と革新、……工業と職人技、……そして神話と現実の混交である」、という一節に触れたことがあります（Tregear、一〇四頁）。

この度の改訂審査基準の「ものがたり」という用語に接し、当時、マーケティングの専門家の目には地理的表示制度がこのようにうつるのかと感慨を持ったことをしみじみと思い出しました。

「ものがたり」とは、まさに「神話と現実の混交」のことであろうと思います。私（筆者）は法律学を専門とする立場から、四角四面に、地理的表示法の各種要件について考えてきましたが、マーケティングの専門家の目には、社会的評価や結び付きといった観念は、しょせんは神話に過ぎないのかもしれません。改訂審査基準を起草した農林水産官僚も、実はトレッジャー博士と同じような冷めた思いをひそかに抱いているのでしょうか。

【参考文献】
内藤恵久『地理的表示の保護制度の創設　どのように政策は決定されたのか』（筑波書房、二〇一二年）。
Tregear, Angela (2003), "From Stilton to Vimto : Using Food History to Re-think Typical Products in Rural Development," *Sociologia Ruralis*, 43(2), pp. 91-107.

22　地名の乱れと田邊裕博士の問題提起

引き続き、突飛なようですが、上述［本書第一章12］した「一石六鳥」のうち、まだ全く言及していない地名と地理的表示との関わりについて検討したいと思います。地理的表示法は基本的には地名を登録する仕組みですので、地名のありようと、地名を生み出す法制度と地名行政のありように無関心ではいられないと考えることによります。

また以下では、主に、地理学研究者である田邊裕博士の研究を手掛かりにして検討を進めます。同博士の研究に着目するのは、同博士の研究が単に地名の歴史的文化的価値を力説するだけではなく、日本の地名の乱れをもたらす原因の一端が地名に関する法制度と行政にあることを明確に指摘し、地名の乱れが引き起こす具体的な弊害を指摘していることによります。同博士の主張の一部を、抜粋を交えて私（筆者）なりに紹介すると次のようになります。

●伝統的に、日本では、「多くの地名が内生地名で外来地名が例外的にしか存在しない」（田邊、九九頁）。また、「海外から入ってきた外来地名は、遠い昔に漢字とともに採用された音読地名か、近年になって採用されたカタカナ地名で、いずれも押し付けられてのものではない」（同、八三頁）。こうした事情から、「地名が国家または民族の共有財産であるという意識が育たず、法律的にもあいまいなままに歴史的地名を継承してきた」（同、九九頁）。

●その結果、「地名はあたかも地方自治体の占有物」であるかのように認識されてしまい、地名変更も「地名の存在する地方の局地的問題」（同、八四頁）と位置付けられてきた。

●そして、地名に関する判断が「地方自治体に丸投げされて、本来地名の所有者でもない地方当局が地域間対立や世代間・職業間の対立に巻き込まれ」るようになってしまった（同、三三頁）。

●「日本で近年起こっている地名問題は、町村合併の際の新地名への改名と、住居表示の改正に伴う旧来の地名の廃止と新地名の命名にまつわって顕在化しており、法律的には、住居表示に関する法律と地方自治法に依拠している」（同、八四頁）。

●これらの法律上は、「地方自治体がその地名を教えられ用いる国民全体とは無関係に命名権に関してまったく制約を受けていない」（同、八四頁）。「自治体がいかに地名呼称を改廃しようが、その発議権限を持つ地方議会が議決すれば、事実上国が受け入れることが地方自治の原則であるとの認識があって、他地域の住民が日本語・日本文化の文脈にそぐわない地名呼称の是正を要求する場がない」（同、八六頁）。

田邊博士はこうした認識に基づき、地名の乱れによる具体的な弊害を以下のように幾つか指摘しています。

① 土地を特定することが困難な地名が増えていること（たとえば、伊豆半島に伊豆市、伊豆の国市、東伊豆市、西伊豆市、南伊豆市などの似たような地名が多数生じていること）。

② ひらがな地名（つくば市、さいたま市など）が増えており、地名の表記とその教育にお

いて混乱が生じていること。

③　外来語を用いた地名のローマ字表記が外国人にとってのわかりにくさを招いており（旭川市パルプ町につき、原語「Pulp」とローマ字表記「Parupu」、越谷市レイクタウンにつき原語「Laketown」とローマ字表記「Reikutaun」など）、国際化の障害となりかねないこと。

④　外来語を用いた地名が、海外との摩擦をもたらすおそれがあること（たとえば山梨県南アルプス市を、将来的に自然遺産として世界に紹介することがあるとすれば、スイス、オーストリア、フランス、イタリアなどのアルプス諸国の理解が得られるか憂慮されること）。

①から④のすべてが地理的表示法の見地からも関心を持つべき問題であると思われますが、本書では、特に、④に注目することにします。そして、田邊博士は自然遺産として紹介することを想定していますが、本書では「南アルプス市」が地理的表示登録と相互保護の対象となるかを考えてみます。

なお、南アルプス市は、山梨県の四町二村（八田村、白根町、芦安村、若草村、櫛形町、甲西町）が合併することで誕生した自治体です。二〇〇〇年に発足した合併協議会を構成する委員は、各町村から、首長、議長、担当職員、農業関係者、商工関係者、自治会長、若者各一名と、議員、女性各二名が選出されました（一町村あたり一一名で、総勢六六名）。合併協議に関与した元南アルプス市職員の塚原浩二氏によれば、合併協議会は新市名につき公募を行い、次のような経緯で新市名を選定しました。

「最終的に全国から四六五六件。最も多かったのが南アルプス市。その後小委員会の中で選定作業をし、南アルプス市、こま野市、峡西市の上位三点の中から、合併協議会委員の投票でもって決めるということになりました。……投票の結果、峡西市への票はゼロ、三九対二六で南アルプス市に決定したわけです。」（小西・塚原、六七頁）

【参考文献】

小西砂千夫・塚原浩二「インタビューシリーズ　合併協議会を訪ねて—市町村合併成否のカギを探る（第六回）　山梨県南アルプス市（第一部）　住民発議からの合併実現、段取り八分の合併協議」住民行政の窓二五六号六一頁（二〇〇三年）。
田邊裕『地名の政治地理学　地名は誰のものか』（古今書院、二〇二〇年）。

23　「南アルプス」の地理的表示登録は可能か

以下では、まずは、日本において地理的表示登録可能であるかについて考えてみます。その上で、南アルプスという名称が相互保護の対象となり得るか（又は、海外において保護対象となり得るか）について考えることにします。

すでに述べましたように、地理的表示登録の主な要件は産品の特性と結び付きですが、その他に、①名称から生産地と産品の特性を特定できること〔本書第一章8を参照〕、②既存の登録商標と同一・類似の名称でないこと、といった細々とした要件もあります。

やや分かり難いのは①ですが、使用実績が全くないような名称（登録申請直前に新たに考案された名称など）は、たとえ名称から生産地が特定できるとしても、需要者が当該名称から産品の特性を特定できないため、登録できないという趣旨の要件です。それ故、正式な地名であっても、新地名が誕生した直後の登録申請の場合などには、登録できないこともあり得ると思われます。

他方、外来語を含む地名であるからといって、登録不可ということにはならないと思われます。その地名が社会の中に浸透し、人々がその名称から生産地と産品の特性を把握できるようになれば、登録要件を満たすことになるからです。

それでは、南アルプスが山脈の名称（自然地名の一種）でもあることについてはどのように考えればよいでしょうか。湖沼名が地理的表示登録された例がありますので（「網走湖産しじみ貝」／北海道、「小川原湖産大和しじみ」／青森県、「十三湖大和しじみ」／青森県）、山脈名や山岳名でも登録は不可能ではないと思われます。ただ、南アルプス山脈はいかんせん広大ですので、生産地と特性を特定することは難しいという評価もあり得ます。と言いますのは、南アルプスを擁する他の自治体の産品にも、南アルプスという産地名称が用いられるかもしれません。関連して、田邊博士は、「通称南アルプスと呼ばれる赤石山脈の名前の由来となっている赤石岳は長野県と静岡県の県境にあって、山梨県にはない」と論じています（田邊、一〇六頁）。ですので「南アルプス○○」ではなく、「南アルプス市○○」といった名称であれば登録しやすくなるかもしれません。現に「くまもと県産い草」という地理的表示の登録例があります。

④先行する登録商標との関係については、内藤恵久博士の表現を借りて説明します。たとえば、リンゴにつき地理的表示登録する場合には、「リンゴ及び柿、梨、桃等の果実についての商標や、果実の小売・卸売りの業務において行われる役務の提供についての商標と同

一・類似と判断されると、地理的表示登録が受けられない」（内藤、三三二頁）ことになっています。類似の範囲は、商標審査基準によって判断されることになりますが、二〇二二年一一月末時点で、「菓子及びパン」と「米、食用粉類、穀物の加工品」につき「南アルプス」という商標が登録済みであるので、これらの商品や類似する商品につき、「南アルプス」という名称を地理的表示登録することはできません。

次に、上述［本書第二章4］のように、二〇二一年一月の日EU間の取り決めに基づき、日本において新たに地理的表示登録された産品を、日EU間の相互保護の対象に加えることも可能です。

しかしながら、日EU間協定の定めによれば、日EUが名称のリストを交換した後、双方において、それぞれに国内的に審査と異議申立手続を踏むことになっていますので、日本で「南アルプス」（又は「南アルプス市」）という名称を地理的表示登録することができたとして、EUが自動的にこれを相互保護の対象としてくれるわけではありません。そして思うにEU側は、「南アルプス」という名称をEU域内において日本の生産者に独占させることを快く思わないのではないでしょうか。

南アルプスという名称での登録となりますと、世界中から注目されるでしょうから、異議中立手続においては、世界各地から異議が殺到するかもしれません。現に、タイのジャスミン米の生産者団体がＥＵにおいて地理的表示登録申請した時には、フランス政府やベルギー政府などから異議がありましたし、「エダム・ホラント」や「ゴーダ・ホラント」に対しては、アメリカの業界団体からも異議が寄せられました［本書第二章5を参照］。

【参考文献】

田邊裕『地名の政治地理学　地名は誰のものか』（古今書院、二〇二〇年）。
内藤恵久『地理的表示法の解説』、（大成出版社、二〇一五年）。

24　南アルプス市の今後について

以上、南アルプスに焦点を当てて論じてきましたが、ここで述べたことの趣旨は南アルプスのみならず、地名一般にもあてはまります。

第一に、産品の品質が優れていても、名称によって産地と産品の特性を特定できないことには、地理的表示登録の要件を満たしません。ですので、新しい地名は命名後すぐには登録できない可能性があります。

第二に、都道府県名や市町村名でなくとも登録対象となります。都道府県名や市町村名ではない地名を地理的表示登録している例として、「江戸崎かぼちゃ」（茨城県）、「三輪素麺」（奈良県）、「市田柿」（長野県）、「吉川ナス」（福井県）、「木頭ゆず」（徳島県）などがあります。自然地名も登録できますが、広大な山脈などの場合には、登録できない可能性があります。

第三に、南アルプスのように海外の地名を借用した地名や、外来語を用いた地名の場合、将来的に外国との相互保護が難しくなる可能性があります。地理的表示制度では、町丁名などでも保護対象となりますので、「パルプ町」や「レイクタウン」［本書第三章22③］のような外来語を用いた町丁名も感心できません。

国際的な地名の争奪戦という現象を思えば、これからの地名選定に当たっては、商標ないしは地理的表示登録と、地理的表示相互保護の可能性を考慮に入れる必要があります。上述［本書第二章23］のようにEUとインドの二国間交渉がまとまれば、EUの制度が大きく変わり手工芸品を保護対象に取り込むことになるかもしれません。そうなると世界的にさらに地名の価値が高まることになります。

よって登録や相互保護の対象たり得ないかもしれない地名を選定すべきではありません。

上述［本書第三章22］した田邊博士の主張に見られますように、現行法の下では、自治体関係者が地名選定に決定的な役割を果たします。自治体関係者はこれまでより以上に、地名について真剣に考える必要があるでしょう。一般論としては、今ある地名を大事にすることが望ましいと思われます。

最後に、南アルプス市という地名につき私（筆者）がどのように思っているかをお話しします。この地名には、命名の当初から地元においても批判がありました。清水正博氏（峡西青年会議所／現南アルプス青年会議所第二二代理事長）は次のように評していますが、上述［本書第三章22］した田邊博士の問題意識が、清水氏の慨嘆の中に凝縮されている感を持ちます。同氏は、四町二村の合併それ自体には賛成していたことを付言しておきます。

「名称の決定は、合併協議会により、民意を汲むかたちで選考が行われてきましたが、最終的には好き嫌いで決まってしまったような感じもします。と言いますのは、選考過程において、語学、歴史学、民族学等の学識経験者の公式見解を情報として入手できなかったのでした。多くの人が、偏った世界の受け売り的な情報交換で終わっていたのではないでしょうか。名称選考に関して、公に選考できるだけの情報提供があれば、より深い議論ができたも

のと思いました。」（新津・井上・清水、一六三頁）

そもそも、市名としての南アルプス市とは別に、かつては、山脈の名称としての「日本アルプス」や「南アルプス」に対しても、著名な文人からの批判や違和感の表明がありました。

たとえば田部重治は、「日本アルプスと言う名に飽き足るものではない。しかしただ今のところ日本アルプスという名称によって総括されている山脈を概括的にあらわすべき適当な名称が無く、かつ今にわかに適当なる名称を創造することもできないため、依然としてこの名称による」と語っています（田部・小暮、一六頁）。

また、大町桂月は、日本アルプスと南アルプスに代えて「日本高嶺」、「南高嶺」などという名称を提唱し（奥澤、七三頁）、内藤湖南は、「日本の風景に好んで西洋の出店のような名称を用い」ていると語っています（宮下、一二六頁）。

実は私（筆者）もかつては、「日本アルプス」、「南アルプス」という山脈名や、南アルプス市という市名には、どちらかというと批判的な思いを持っていました。しかし、上條久枝氏や宮下啓三博士の研究に接し、この名称が生まれ定着するまでの経緯を知ったことで、そうした思いは払拭されました。

まず、初めて「日本アルプス」と呼んだのは、明治時代に来日した英国人ウィリアム・ガウランドであり、その後、英国人ウォルター・ウェストンがこの名称をその著作の中で用いました。一八八〇年代から一八九〇年代にかけてのことです。やがて、明治時代に活躍した小島烏水などの登山家たちが一九〇〇年代初めから「日本アルプス」「南アルプス」などの名称を使う中で、これらの名称が定着していきました。

これらの一連の経緯は、外来思想や異文化の受容の過程であり、強制されることなく進んで西洋文化を受け入れた歴史の記録と評価してよいと思います。そして、南アルプスという名称を今日に伝えることは、ウェストンや小島のように、国際的に広い視野を持ちつつ、日本の文化と自然を深く愛した内外の文化人の遺徳をしのぶことにもつながると感じられます。

ウェストンは長く日本に滞在し、帰英後は、関東大震災後に率先して日本に救援金や救援物資を届けてくれましたし、オックスフォード大学に留学中であられた秩父宮様（昭和天皇の弟君）のアルプス登山を支援するためにわざわざロンドンからアルプス山麓まで出向き宮様を世話してくれたこともありました。また、小島はアルプスに憧れジョン・ラスキン（英国の思想家）に傾倒しつつも、終生、富士山や日本の文芸を愛し、富士山登山の時には山部赤人や在原業平の歌を想起するような、日本の古典に造詣の深い人でした。

率直に申しまして、外来語を用いた地名が増え過ぎることは困ったことではありますが、南アルプス市に関しては、別格なものとして、肯定的に評価してもよいと考えています。茨城県北の干し芋［本書第一章9］の例を見れば明らかですが、地理的表示制度に頼らなくとも地域ブランド化は可能です。初代南アルプス市長の石川豊氏は、二〇〇五年の時点で、同市のサクランボ、桃、スモモ、葡萄などの果物につき、統一した南アルプスのブランドの下で普及させようと準備を進めている、と語っています。二〇二二年一一月末時点では、南アルプス市産の果物につき、南アルプスという地名を冠した商標や地理的表示の登録はなされていませんが、南アルプス市の市役所や生産者の皆様のご健闘をお祈りしています。

【参考文献】

石川豊「合併を果たして―南アルプス市（山梨県）南アルプス連峰の裾野に開けた活気ある新市」市政五三巻二号一六頁（二〇〇四年）。
石川豊「合併まちづくり(1)　未来へひらく街　南アルプス市」住民行政の窓二七二号二八頁（二〇〇四年）。

奥澤真一郎「『立山登山設備案』に関するうごき　佐伯茂治と大町桂月との関係を通して」富山県館山博物館研究紀要二一号七〇頁（二〇一四年）。

上條久枝『ウォルター・ウェストンと上條嘉門次』（求龍堂、二〇一八年）。

小島烏水『山岳寄稿文集　日本アルプス』（岩波書店、一九九二年）。

田部重治・木暮理太郎『日本山岳名著全集二』（あかね書房、一九六二年）。

新津尚・井上慎一・清水正博『南アルプス市誕生への軌跡』（文芸社、二〇〇四年）。

水木楊「未来史の現場（四六）南アルプス市が目指した『本当の合併』」Foresight 一六巻二号六〇頁（二〇〇五年）。

宮下啓三『日本アルプス　見立ての文化史』（みすず書房、一九九七年）。

結び

1 息子が市田柿を好んで食すこと

地理的表示法は、二〇一四年に制定され、二〇一五年に施行されました。制定から約八年が経過し、二〇二二年一一月末時点で地理的表示法に基づく登録件数は一二一件に達していますので、徐々に課題も見えてきました。以下では、地理的表示法に関わりがある内外の出来事を紹介しつつ、有識者の見方や私（筆者）の個人的な経験を手掛かりにして、地理的表示法や日本の地域ブランドの将来を展望してみたいと思います。

私事ですが、私の長男は、幼少時にかなり重い食物アレルギー（卵アレルギー）を持っていましたので、与えられるおやつの種類がかなり限られていました。チョコレートやポテトチップなどは食べられますが、あまり健康的とは言えませんし、濃い味に慣れさせてしまうのは好ましくありませんので、日々おやつ選びに苦労していました。

そんな中で、「市田柿《いちだ》」（長野県）が地理的表示登録されたという知らせに接し、私自身が食べるつもりで買ってきたのですが、これを当時三歳の長男に与えましたところ、実に意外にもむさぼるように食し、あっという間に、四つか五つを平らげてしまいました。以来、長男は、度々、市田柿を所望するようになりました。季節ものですので調達が難しい時期もありますが、市田柿は我が家にとってとても貴重な甘味となっています。

さて、市田柿のような健康的なおやつのみを与えていたためか、長男は小学校に入学する前に食物アレルギーを克服することができたのですが、現在、保育園児である次男と三男は、長男よりもさらにひどい食物アレルギー（卵アレルギー、乳アレルギー）持ちです。次男と三男にも引き続き市田柿を与えていますが、アレルギー持ちの息子たちにも何とかして食の喜びを教えたいと思っていますので、親としてはとても有難いことです。なお地理的表示登録された干し柿には、他に四種類もありますので［本書第一章7］、これらもいずれ食べさせてみたいと思います。

上述［本書第一章6］しましたように、地理的表示登録された産品は、生産地はもちろんのこと、原料・成分や生産方法などについても、事前に定められた基準に従って生産されますので、安心して口に入れることができます。

もちろん、地理的表示登録された食品につき、偽装が絶対にないとは言い切れませんし、現に、諸外国では地理的表示登録されている食品の偽装が折々見受けられます。しかし、日本では、偽装を阻止するための仕組みがかなり厳重に設けられていますし、全国の生産者団体や農林水産省の尽力により、おおむね信頼できる状態が保たれているとみてよいと思います。

地理的表示制度にはこうした優れた点がありますので、子供にもおやつとして与えられる食品の地理的表示登録が増えないものかと、念じております。また、地理的表示登録された食品の、子供向けおやつへの加工が進むことを期待しています。アレルギーフリーであれば言うことなしです。

2　オリーブオイルが偽装だらけであること

偽装の問題に触れましたが、次に、私が日本の生産者団体に期待したいことは、偽装が多い食品につき、積極的に地理的表示登録に挑戦して頂きたいということです。

また息子の話題になりますが、食べることができる食材が限られますので、せめて良い油をと思い、平均的な油よりも少しばかり高価なオリーブオイルを購入したことがあります。オリーブオイルを買うのは初めてでしたので、良し悪しなどは分からず、こんなものかと思っていました。しかし、その後、日本オリーブオイルソムリエ協会理事長の多田俊哉氏の著書『そのオリーブオイルは偽物です』（小学館、二〇一六年）に接し、「今流通しているオリーブオイルの多くは輸入ブランド品ですが、そのうち本物は僅か二〇％に満たず、残念ながら残り八〇％程度はすべて偽物です」（一頁）という同氏の見立てに触れた時、非常な憤りを感じました。

そこで、オリーブオイルの生産販売の状況に関して一層深く知りたいと思い、T・ミューラー『エキストラ・バージンの嘘と真実』（日経BP社、二〇一二年）を読んだところ、業界の深刻な事情を把握することができました。

たとえば、EUが惜しみなく補助金をばらまいたため不正がはびこっていること（農家は収穫量を水増しし、製造所は生産量をかさ上げ、販売会社は販売量を水増しして申告すること）。科学者・取引業者・通関当局・政府関係者を抱き込んで偽装を黙認させるネットワークが出来上がっていること。安物の大豆油・菜種油などや低級なオリーブオイルを混入して「エクストラ・バージンオイル」「バージンオイル」といった高級オリーブオイルに偽装することがはびこっていること、などを理解することができました。

こうした状況がある以上、日本国内の生産者には、欧州に負けない高品質・安全・偽装なしのオリーブオイルを生産して頂き、そのことをわかりやすくアピールするために地理的表示登録を目指してほしいと思うのです。大変に勝手なことを申しますと、小豆島やその周辺のオリーブオイル生産は一〇〇年以上の歴史があるようですから、本格的にブランド化を目指すべき時期ではないでしょうか。

なお、私が購入したオリーブオイルは「ピュアオイル」という等級の輸入品でしたが、勉強した結果、「ピュアオイル」はごく低級な精製オリーブオイルであることがわかりました。そうするとそもそも偽装するほどのものではなさそうであり、私の取り越し苦労であったようです。

3　食品偽装に悩む中国の国民に、日本の安全な食品を提供すべきこと

偽装といえば中国はさらに酷い状況であるようです。中国の事情に詳しい日本人ジャーナ

リスト、福島香織氏の著書『中国食品工場のブラックホール』（扶桑社、二〇一四年）や、中国人ジャーナリスト周勍《しゅうけい》氏の著書『中国の危ない食品――中国食品安全現状調査』（草思社、二〇〇七年）では、日本では考えられないような食品偽装が多数紹介されています。

たとえば二〇一一年ごろからの中国国内の報道によれば、近年の中国では、排水溝を流れる汚水から油分を分離精製して食用油として販売する「地溝油」が蔓延しているようです。中国で消費される食用油三〇〇〇万トンのうち一五％を占めるという噂もあり、オリーブオイルの偽装など、全くとるに足りない問題のように思えてしまいます。

また、二〇一四年にヨーグルト・キャンディへのメラミンの混入が広東で摘発されて、約二五万トンの商品が押収、関係者が逮捕されています。

メラミンとは、メラミン樹脂としてプラスチック食器などの原料にも使われる有機窒素化合物のことです。これを混入することで、たんぱく質含有量を見せかけで増やすことができますが、摂取すれば健康被害が生じます

日本でも大きく報道されましたが、二〇〇八年には、育児用粉ミルクにメラミンを混入するという事件も生じています。その結果、三〇万人の赤ん坊に腎臓結石など腎臓障害をもたらし、五万人以上が入院、一一人が死亡に至りました。これだけの大きな被害が生じたにも

かかわらず、中国では食品製造の場からメラミンを排除することができないようです。

その他にも、二〇〇四年ごろ、人間の髪の毛を原料とするアミノ酸から「毛髪醤油」が製造されたこと。二〇〇七年以降、偽卵（殻は石膏、中身は樹脂・でんぷん・ゼラチン・色素などで作る）が、北京、天津、珠海などで相次いで販売されていること。二〇一三年ごろから、病死豚肉の食肉としての違法販売が相次いでいること。羊肉に狐・狸・カワウソ・鼠の肉が混入されることが社会問題となっており、二〇一三年には江蘇州の卸売市場で一一トンが押収されたことなど、枚挙にいとまがありません。

ところで、同じく福島氏の著書（『中国複合汚染の正体』扶桑社、二〇一三年）によれば、中国共産党幹部の愛人と噂される歌手のホームパーティーに調理の手伝いに呼ばれた、福島氏の知人が次のように語ったそうです。「用意された野菜。肉、海鮮はすべて日本からのお取り寄せだった。見たこともないような立派な松坂牛やアワビや本マグロが台所に所狭しと並んでいた。これが特権階級というものかと怖気づいた」（一七二頁）。

時あたかも、近年の日本への旅行者の増加で、日本の食品が世界からの注目を浴びる時期であることを思えば、隣国である中国の食品偽装は、不謹慎なようですが、日本の地理的表示登録を受けた食品の中国への輸出を目指すうえで大きなチャンスではないでしょうか。幸いなことに中国では、日本よりも一足先に地理的表示制度を導入しているので、ある程度は制度についての認知が進んでいることが期待できます。偽装のない、安全で美味な食品を中国に提供できれば、中国の皆様に対する貢献ともなるのではないでしょうか。

4　米国の水産物輸入規制の改正が、日本の生産者にとって有利に働き得ること

次に、米国ではさすがに、中国のメラミンミルク事件のような大規模な健康被害は稀ですが、食品偽装はかなり頻繁に生じています。ここでは、近年、輸入に関する大きな制度改正があった水産業界の状況を見てみたいと思います。

米国では水産物の九割が輸入品であるという事情があるためか、水産物の偽装はかなり深刻で、偽装の惨状を示すデータには事欠きません。リチャード・エバーシェッド＝ニコラ・テンプル『食品偽装を科学で見抜く』（日経BP社、二〇一七年）や、ラリー・オルムステッド『その食べ物、偽物です』（早川書房、二〇一七年）が大変参考になるのですが、たとえば、米国の非営利組織オセアナ（Oceana）の調査によれば、二〇一〇年から二〇一二年に米

国二一州の六七四か所の小売店で一二〇〇点を超える魚介類を集め、調査したところ、三三％が虚偽表示でした。ニューヨークの水産物については小売店の五八％、レストランの三九％に偽装があったとのことです。

また、ロックフェラー大学研究員ストックル博士が二〇〇八年に、ニューヨークの小売店とレストランを対象に、店頭の魚介類のＤＮＡ検査を実施したところ、小売りとレストランの半分以上が、偽装を行っていました。ある寿司屋ではテラピアがツナとして売られていたそうです。

こうした偽装は、ただ単に美食家に対する裏切りというだけでは済まず、健康被害をもたらすこともあります。現に、二〇〇七年にシカゴで、冷凍アンコウと称して販売されたフグを食べた家族が入院したことが報告されています。その他、同年に米国政府は、未承認薬品の使用を理由にエビなど五品目の中国産養殖水産物の輸入を禁止したところ、中国のエビ生産者は、インドネシアで積み替えを行い「インドネシア産」の偽装表示で米国に輸出しました。それが発覚した後は、「マレーシア産」と表示したとのことです。検査したところ、当初の違法薬品が用いられたままでした。

こうした状況にしびれを切らしたオバマ大統領は、二〇一四年に、「ＩＵＵ（Illegal・

Unreported・Unregulated、違法・報告なし・規制なし）漁業と水産物偽装撲滅のためのタスクフォース」の設置を指示しました。このタスクフォースで始まった検討の結果、二〇一八年一月から水産物の輸入監視制度が導入され、一部の（一三種の）水産物を米国に輸入する事業者は、その水産物がＩＵＵ漁業により捕獲されたものでないことと、偽装表示されていないことを示すため、輸入時に出所や漁獲情報などの情報提供が求められることになりました。

このように米国が政策を変更したことは日本の生産者にとってチャンスではないでしょうか。日本ではすでにいくつかの水産物が地理的表示登録を受けていますが、日本の厳格な登録要件や管理体制の下で生産された水産物ならば、米国の基準を満たすことは難しくはないと思います。

ところで、米国人も生産地については一定のこだわりがあるようです。たとえば米国では、「メイン州ホタテ」が人気であるため、メイン州でのホタテ漁が行われない時期にまでメイン州産である旨の表示（偽装表示）が行われるそうです。日本では「岩手《いわて》野《の》田村《だむら》荒海《あらうみ》ホタテ」（岩手県）が地理的表示登録を受けていますが、将来、米国において「岩手」や「野田」がメイン州に負けない評価を得ることができればどれほど素晴らしいかと思います。

5 審査基準の改訂が登録産品のラインナップを多様にするかもしれないこと

米国に関する話題として、「神戸ビーフ」（兵庫県）がどのような状況であるかには既に本書の中で紹介しました。神戸ビーフ以外の和牛については、ある外国人レストラン経営者が「日本には非常に質の高い肉がたくさんある。だが日本の外では、コーベ・ビーフしか知られていない」（オルムステッド・前掲書、一九一頁）と言っています。しかし、和牛そのものの評価は海外でもかなり高いようです。

海外ではそれほど知られていないのであれば、まだまだ普通名称化するまで時間的余裕があるということです。まずは地道に日本国内で和牛銘柄の地理的表示登録を進めていけばよいと思います。

黒毛和種基準が廃止されたこと［本書第三章10を参照］が、和牛の地理的表示登録にどのような影響を及ぼすかはまだわかりません。ただし、控えめに言っても、同基準の中の、「黒毛和種が我が国固有の品種として認定された昭和一九年以前から知名度を有し」ていること、という足かせのような条件は消滅することになりますから、少なくとも、昭和二〇年

（一九四五年）以降に発展した和牛銘柄にとっては大きなチャンスが到来すると考えてよさそうです。

そして、今後は、黒毛和種であっても、他の産品と同じように、二〇二二年一月に改訂された改訂審査基準［本書第三章21を参照］に基づき審査がなされることになります。そこで、日本の地理的表示法の運用がどのような方向に変容していくのかを思い切って予測してみたいと思います。

一つには、二五年の生産実績がなくとも登録される可能性がでてきますので、比較的新しい産品の登録が増えるのではないかと思われます。

次に、品質中立主義の採用が明言されましたので、品質中立主義と親和的な加工食品の登録が増えることも予測されます。加えて、このことに伴い、これまでより以上に産品の歴史を重視する法運用がなされ、各地域の伝統的な名産品を保護しようとする動きが活発になるかもしれません。また、そうすると制度全体が一つの特定の方向性に変容していくのではなく、様々な運用上の変化が生じ、将来的に、多様性に富んだ登録産品のラインナップが形成されることになるのかもしれません。そして、日本の今日と過去の姿を反映した様々な地域ブランドが多数出現することになれば、とても素晴らしいことであろうと思います。

6 『毛吹草』や『食菜録』などに多数の名産物が記録されていること

いずれにしましても、新しいものばかりが増えてしまうことで、国民が地理的表示制度を安っぽい仕組みであると受け止めることになってしまっては困りますので、やはり歴史の重みのある名産品を拾い上げる努力を怠ってはならないであろうと思われます。

ＥＵでは、エステパの「エステパのポルボローネス」［本書第二章14を参照］のように近代以前に起源がある加工食品がしばしば地理的表示登録されていますし、その際、各種の文献史料が産物の社会的評価や結び付きの根拠として用いられています。

日本にも、名産物の歴史を伝えてくれる古い書籍や文献史料が多数存在します。たとえば、岩波文庫に収録されている一六四五年刊行の松江重頼『毛吹草《けふきぐさ》』を見れば、江戸時代初期の時点で全国の各地域にどのような名産物（野菜、果物、水産物、お菓子、酒、工芸品など）があったのかがわかります。ここでは、掲載されている名産物（約一八〇〇種類）のうち、お菓子（約四〇種類）を見ておきましょう。

毛吹草に掲載されているお菓子のうち、山城（京都府）の「茶屋粟餅」・「大仏餅」・「御手洗団子」、河内（大阪府）の「平野飴」、駿河（静岡県）の「十団子《とおだんご》」などは今も作られているようです。山城の「愛宕粽《あたごちまき》」、摂津（大阪府）の「烏帽子飴」、近江（滋賀県）の「袖解《そでとき》餅《もち》」、土佐（高知県）の「大米餅《たいたうもち》」などは作られているのかどうか、確認できませんでした。これらがどのようなお菓子なのか明らかにできていませんが、いかにも魅力的な名前です。

また、私は現在、茨城県水戸市在住の数名の研究者と共に研究者グループを組織し、徳川斉昭（一八〇〇年～一八六〇年）著とされる『食菜録《しょくさいろく》』の研究を進めていますが、『食菜録』には計三〇〇種類の食品や料理（調味料を含む）のレシピが掲載されています。「かすてらほうろ」、「鴨てんぷら」、「牛乳酒」、「氷豆腐」、「タコの南蛮煮」、「鳥のほろ味噌」、「蛤《はまぐり》はんぺん」、「パンの法　中濱萬次郎《なかはままんじろう》咄」（ジョン万次郎〈一八二七年～一八九八年〉から伝えられたパン製法）、「ビスコイト」（ビスケットのこと）、「ひりうす」（がんもどきのこと）、「蒸し平目」などの、すぐにでも水戸のお土産にもなりそうなものが多数掲載されています。

その他、食菜録には、醤油その他の調味料や、味噌のレシピが多数収録されているのですが、味噌としては、「川越味噌」、「尾州味噌」、「鎌倉味噌」といった聞き慣れない名称が記載されています。これらについては未調査なのですが、仮に、八丁味噌のように今も生産されているものがあれば、とても嬉しいことです。

以上に挙げたお菓子、食品などの中には、もしかしたら地理的表示登録可能なものもあるかもしれません。また、日本の埋もれた史料の中にも、地理的表示登録の資料となり得るものがきっとあると思います。


【参考文献】

東《ひがし》　昇《のぼる》「近世京都・山城国の産物と鮎」（上田純一編『京料理の文化史』思文閣出版、二〇一七年）。

石島績『水戸烈公の医政と厚生運動　下巻』（日本衛生会、一九四三年）。

7　お茶の登録事例が少ないこと

歴史について考えるときに気になることの一つは、お茶の登録例が少ないことです。二〇二二年一一月末時点での登録例は、「八女伝統本玉露」（福岡県）のみです。上述［本書第一章3］の「宇治茶」や後述の「知覧茶」（鹿児島県）といった古くから知られているお茶も、地域団体商標としては登録されていますが、地理的表示としては登録されていないのです。地理的表示制度の発祥の地でありますEUでは、なんと言ってもワインが保護対象の中心で、登録件数もとても多いのですが、その理由は、ワインの味その他の品質は生産地の土壌・気候などの自然条件や、作り手の腕前に大きく左右されるため、地域性がとても強いことにあります。

突飛なことを言うようですが、ある意味で、日本において欧州のワインに当たるものといえば私はお茶ではないかと考えます。

と言いますのは、日本の中世には、既にお茶の分野では古くから地域ブランドが確立しており、多くの人々が生産地を意識していたように思われるからです。

まず、室町後期から南北朝期の臨済宗の僧である虎関師錬《こかんしれん》（一二七八年〜一三四六年）の作とも伝えられる『異制庭訓往来《いせいていきんおうらい》』には、お茶に関する記述として、「我朝名山者以栂尾為第一也　仁和寺、醍醐、宇治、葉室、般若寺、神尾寺、是為輔佐　此外大和室尾、伊賀八島、伊勢八島、駿河清見、武蔵河越茶　皆是天下所皆言也」（傍線筆者）とあります。つまり、お茶の名産地としては栂尾（山城国）が第一で、仁和寺（同）、醍醐（同）、宇治（同）、葉室（同）、般若寺（大和国）、神尾寺（丹波国）が、「輔佐（補佐）」、つまり第二位の名産地であると認識されていたことになります。また、大和室尾、伊賀八島、伊勢八島、駿河清見、武蔵河越もお茶の有名産地として意識されていたと思われます。

また、田中純子博士の研究では、一三四三年に関白鷹司師平《たかつかさもろひら》（一三一一年～一三五三年）が美濃産のお茶を所望したことなどが紹介されています。田中博士は、時の関白がわざわざ美濃産のお茶を望んだことは当時の美濃産のお茶に対する評価の高さの現れではないか、と推測しています。

さらに、橋本素子氏（京都府茶業会議所理事）の研究は、鎌倉時代には鎌倉幕府の要人であった金沢貞顕（一二七八年～一三三三年）が栂尾の茶を買い求めようとして苦労していたことや、室町時代に、周防の大名である大内義興（一四七七年～一五二九年）の家臣が、京都に滞在中に宇治産のお茶と称して流通していたお茶を入手した後、このお茶が偽物であることを半ば知りつつ、石見の知人にこれを贈ったことを紹介しています。つまり、この時代には既にお茶の産地偽装という現象が生じていて、少なからぬ人が、産地偽装のおそれがあることを知りつつ、敢えて偽装品を購入してしまうほどに、地域ブランドが発達していたことが見て取れるように思われます。

加えて、中世には、複数の生産地のお茶を飲み比べてお茶の生産地を当てる遊びが全国的に流行ったそうです。当時は「茶勝負」などと呼ばれていたようですが、今日の歴史学では「闘茶」と称されています。二条河原の落書や花園天皇（一二九七年～一三四八年）の日記にも記録があるのだそうです。このように、ワインにおけるテイスティングに似た遊びがあったことは、生産地によるお茶の味の違いを把握し楽しむ文化があったことと、地域ブランドの確立があったことの一つの証であると言って差し支えないように思われます。

　こうした古くからのブランド化の歴史があるにも拘らず、残念ながら、今日、特に若い世代はお茶の生産地を意識することすら少なくなっていると思います。そこで、生産地を国民に分かりやすく伝えるためにも、お茶の生産地の皆様は、地理的表示登録を考えては如何でしょうか。

　幸いにも、近年お茶の輸出が増えております。農林水産省ウェブサイトによれば、二〇二一年の緑茶輸出金額は二〇四億円、数量は六〇〇〇トンを越えておりまして、金額、数量ともに過去最高を記録しました。折角ですので、ただ単に日本産のお茶というだけではなく、生産地をも諸外国にアピールすることができれば、そうした努力の結果はいずれ地域の財産となると思うのです。

　ところで、お茶の登録が進まない理由の一つに、①原料の茶葉が地域外で栽培されている、②茶葉の栽培、荒茶の加工、仕上げなどの生産工程がいくつかの地域に分散している、などの理由により生産地を特定し難い、といった事情があるようです。近年では「知覧茶」

（鹿児島県）の生産者団体が登録申請後いったんこれを取り下げましたが、②が理由の一つであったようです。ただし、農林水産政策研究所の報告では、②の場合であっても、仕上地がどこであるかについては不問とするような生産基準を設けることも可能であると考えられますので（農林水産政策研究所、八四頁）、こうした問題があるからといって直ちに登録を断念する必要はありません。

【参考文献】


神津朝夫「闘茶の方法とその発展」野村文華財団研究紀要一七号一一頁（二〇〇八年）。

熊倉功夫「現代語で読む茶の湯の古典(2) 太平記と闘茶」茶道雑誌七〇巻二号三八頁（二〇〇六年）。

田中純子「中世の日記から見る和食」（上田純一編『京料理の文化史』思文閣出版、二〇一七年）。

農林水産政策研究所『食糧供給プロジェクト研究資料二号』（二〇一七年）。

橋本素子『中世の喫茶文化　儀礼の茶から茶の湯へ』（吉川弘文館、二〇一八年）。

8 いつの日か知覧特攻平和会館で、息子と共に知覧茶を喫したいと考えていること

知覧には知覧特攻平和会館があります。私もいつの日か息子達を連れて同会館を見学し、平和のありがたみを噛みしめつつ、是非、地理的表示登録された知覧茶を喫してみたいと考えています。歴史を感じさせる場において、ただ安全・美味であるだけではなく、歴史を持つお茶を味わうことで、日本の歴史や食文化に触れさせることができれば、大変な教育効果があると考えるからです。その際、知覧茶と国内外のお茶との闘茶ならぬ飲み比べを体験できれば言うことなし、と勝手なことを考えています。

余談ですが、知覧町は二〇〇七年の市町村合併により南九州市に統合されましたので、自治体名称としての知覧という名称は消滅しました。知覧という由緒ある地名を国内外の人々の記憶にとどめるためにも、地理的表示登録されることを念じています。

最後に、日本のお茶の歴史に鑑みれば、日本においても、生産地と産品との間の結び付きが古くから認識されてきたことは間違いないと思われます。欧州はもとより、それ以外の地域においても、同様なのではないかと想像します。

こうした結び付きが認められる産品が、日本と海外において、今後も陸続と地理的表示登録されていくことを祈っています。そして、私の息子達を含む若い世代にとっては、地理的表示登録された日本の産品に接することが日本や郷土の文化を理解し、愛着を持つことにつながるのではないか、そして、他国の地理的表示登録された産品に接することが他国の文化を尊重するきっかけになるのではないかと、期待しています。

【初出一覧】

「自然的要因又は人的要因との結び付き——地理的表示制度は手工芸品と工業製品を保護対象とすることができるか？」茨城大学人文社会科学部紀要人文社会科学論集二号二〇七-二二八頁（二〇二三年）。

「地域ブランド保護の見地から地名について考える」地理六七巻七号七九-八五頁（二〇二二年）。

「那珂市産物のブランド化の現状〜干し芋『EPISPDE XIII（エピソード・サーティーン）』、かぼちゃ『那珂かぼちゃ』等について」IR常陽産研NEWS三六七号三二-三三頁（二〇二一年）。

「地理的表示（GI）登録を目指す上で考えるべきこと　茨城県の干し芋を題材として」技術と普及五七巻一一号一九-二二頁（二〇二〇年）。

「『和牛』は誰のものか？　主に、地理的表示の普通名称化（言葉のパブリックドメイン）という観点から」パテント七二巻九号一三-二六頁（二〇一九年）。

「地理的表示法制定から四年-市田柿、オリーブオイル、岩手野田村荒海ホタテ、神戸ビーフ、知覧茶などについて思うこと」食品と科学六〇巻一二号六一-六七頁

（二〇一八年）。

「地名と商標」時の法令二〇三七号四八‐五一頁（二〇一七年）。

「地理的表示と農林水産物・食品の輸出拡大──EU、中国、タイの状況を踏まえて」食品と科学五八巻三号五七‐六八頁（二〇一六年）。

「地理的表示の活用と地方創生」ウェブ版国民生活（国民生活センター）四二号一一‐一三頁（二〇一六年）。

「EU主導の地理的表示強化にどう対応すべきか」日経グローカル一四二号五二‐五五頁（二〇一〇年）。

あとがき

いつの日か、地理的表示を主題とする、一般読者向けの書物を新書という形式で著してみたいとかねがね思っていました。

もし、そうした機会を得ることができましたら、条文の直接引用等を最小限に抑え、内外の具体的な事例を数多く交えて説き起こすことで、地理的表示というわかりにくい仕組みを、読者の皆様に出来るだけわかり易く御説明することに挑戦してみたいと考えていました。

そのような思いを持っている中で、今年に入り、地理的表示に関する重大な出来事が二つ生じました。

一つは、地理的表示に関する初の司法判断である、八丁味噌事件東京地裁判決が下されたことです。もう一つは、地理的表示の審査基準が大きく改訂されたことです。

こうした重大な出来事が生じた節目の年に、かねてからの宿願をかなえるために信山社からの出版を目指したいと考えました。信山社からの出版を希望しましたのは、何といっても同社が業界でも有数の名門出版社であるからという、やや軽薄な憧れもありましたが、加えまして、同社が以前から新書を発刊しており、私自身が、同社の新書の幾つかを愛読していたからです。同社の新書である吾妻大龍『市長「破産」―法的リスクに対応する自治体法務顧問と司法の再生』を、勤務先大学（茨城大学）の一年生向け授業で教材として用いたこともあります。

このような思いから、勤務先大学の同僚の付月准教授（茨城大学）と、同准教授の指導教授である本澤巳代子名誉教授（筑波大学）を通して、信山社に出版をお願いしました。両先生に仲介して頂いたのは、両先生が信山社から書籍を出版した御経験があることによります。信山社の両先生に対する信頼は大変に大きかったようで、すぐに、信山社の社長今井貴様と稲葉文子様と面会することができました。付先生は、大学の入試業務で極めて御多忙であった時期でしたが、私からの依頼に応じてすぐに御対応下さいました。また、御仲介に先立ちまして、本澤先生からは概ね次のような温かいお言葉を頂戴しています。

「これまでお世話になった先生方には、何も恩返しができないので、後進のお手伝いをすることを心掛けてきました。今回も、そうした機会を与えてくれたことに感謝しています。」

さて、幸いにも、今井様と稲葉様は、私からの申し入れに関心を持って下さいまして、二つ返事で出版を引き受けて下さいました。今井様、稲葉様との面会の席上で、私の旧著(『地理的表示法法制の研究』尚学社)につき笠原宏客員教授(同志社大学)から書評(『公正取引』誌八五六号)を頂戴したことをお伝えしましたところ、笠原先生は二〇一六年に信山社から名著の誉れ高い『EU競争法』を上梓しておられましたので、今井様と稲葉様はそうした縁を喜んで下さいました。なお、笠原先生からは、私の旧著では地理的表示制度の「ステークホールダーの意識と行動が明らかに」なっているという、お褒めのお言葉を頂戴しました。このお言葉を受けて、本著の執筆においては、生産者や流通業者の意識や本音が那辺にあるかという問題意識を持つことを心掛けました。

ところで、私は偶然にも、笠原先生と御関係があるお二人の先生から大変大きな学恩を受けております。山田昭雄元公正取引委員会委員と山内惟介教授(中央大学)です。山田先生と山内先生に御指導を頂きましたことが、私が地理的表示研究に進むきっかけの一つとなっております。私の大学院時代の指導教授である伊従寛教授(中央大学)と菊地元一教授(同)から頂いた御指導については上述の旧著に記しておりますので、ここでは山田先生と山内先生から頂いた御指導について記しておきたいと思います。

まず、山田先生と笠原先生はお二人とも公正取引委員会事務局のＯＢであられ、山田先生は笠原先生を私に紹介して下さいました。

山田先生は、また、私が中央大学の大学院生でありました時に中央大学大学院に出講しておられ、私はその授業で御指導頂きました。山田先生は当時、公正取引委員会事務局の官房審議官であられましたので多忙を極めておられたことと思いますが、全く手抜きすることなく、毎回、極めて密度の高い授業を実施して下さいました。授業は、日米の競争法と、ＯＥＣＤにおける輸入制限に関する議論などを内容とするものでした。山田先生からは、これらの問題に関する最新の情報を提供して頂くと同時に、内外の法制度を幅広く俯瞰した上で一つ一つの制度の運用や解釈のあり方を模索する、という思考のプロセスを教えて頂きました。また、この授業を受講しているころに私は景品表示法に基づく原産地表示規制を自身の研究テーマにすることを考えていたのですが、山田先生から、そのテーマでは広がりが無いので考え直した方がよいという御助言を頂きました。この御助言が研究テーマの選定について考え直すきっかけとなりました。

次に、山内先生は、ＥＵ競争法をテーマとする講義を御担当頂くために、笠原先生を中央大学に招聘されました。笠原先生からは、『ＥＵ競争法』は中央大学での講義の記録がもとになっている、とお伺いしています。

山内先生には、まず、私が学部二年生の時、山内先生がハインリッヒ・メンクハウス教授（明治大学）と共に担当しておられたゼミ形式の授業で御指導を頂きました。この授業は、多国籍企業を巡る法的問題について検討することを内容とするものでしたが、私はこの授業の中で初めてEU法に接する機会を得ました。また、大学院生時代には、山内先生が編著者の一人であられる『競争法の国際的調整と貿易問題』（中央大学出版部、一九九八年）に、外国論文の翻訳（ハンス・ウルリッヒ「欧州連合と競争法国際的ハーモナイゼーション」）を寄稿させて頂いたのですが、この翻訳が、ささやかではありますが私にとって初めてのEU研究の成果となりました。大変に拙い翻訳であったため山内先生が殆ど原形をとどめないほどに修正して下さり、恥ずかしい思いをしたことを覚えております。

このように山内先生が与えて下さったEU法を学習するための機会が、私がEUの地理的表示法を研究する上での基礎となっていますが、もう一つ印象に残っていることは、山内先生がある時、次のように言われたことです。

「論文を書きなさい。あなた方の周りに論文を書かない教員がいてもその真似はせず、あなた方は論文を書きなさい。」

このような山内先生の叱咤激励を受けて、浅学菲才の自分が恥をかかないためにたとえ駄文であっても、絶えず何かを書くよう努めたいと考えるようになりました。最近の数年間も、地理的表示に関する小文を幾つかの雑誌に書き溜めてきました。そのため、本書の執筆にあたりましても、執筆のための話題に事欠くようなことはありませんでした。なお、本書は、今回新たに書き下ろした箇所と、それら既発表の小文を元原稿とする箇所から成っていますが、それら元原稿についてはそのまま収録しているわけではなく、程度の差はありますが、いずれもかなり加除修正や一部抽出をしています。

ところで、本書の執筆やそのもととなった研究におきましては、その他の多くの方々から御支援を頂きました。

赤岩正樹特命教授（茨城大学）と、常陽銀行の松下幸彦様及び永井義久様には、茨城県の農政や農林水産業の分析のためにたびたび議論させて頂いた他、茨城県の産物の調査におきまして御協力と御助言を頂きました。

今村哲也教授（明治大学）と内藤恵久博士（農林水産政策研究所）からは、今年に入り地理的表示に関する新著を御恵贈頂き、これらの御研究に接することで私が十分に研究していなかった論点につき勉強することができました。今村先生の新著は『地理的表示保護制度の生成と展開』（弘文堂）、内藤先生の新著は『地理的表示の保護制度の創設：どのように政策は決定されたのか』（筑波書房）です。今村先生の御研究からはとりわけTRIPS協定の制定過程について、内藤先生の御研究からは日本における地理的表示法制定の経緯について学ぶことができました。

岡部泰志記者（日本農業新聞）には、日本農業新聞に解説記事（二〇一九年一二月二二日「GI制度の現状と課題」）を寄稿する機会を与えて頂きました。記事の内容を調整する過程では、電話でのやり取りを交えて、大変丁寧に御助言を頂き、農政の専門家がどのような点に関心を持つのかを学ぶことができました。

全国農業協同組合連合会茨城県本部の鴨川隆計様及び大和田晃様と、常陸牛振興協会の谷口勇様には、常陸牛を含む和牛の現状と、様々な問題点につきまして御教示を頂きました。御教示により、地理的表示制度による和牛銘柄保護がそれほど容易ではないことに気づくことができました。

食品と科学社の岸直邦様からは、『食品と科学』誌への寄稿の御依頼を頂き研究成果を公表する機会を頂きました。本書の元原稿の幾つかも、同誌に掲載させて頂きました。

酒井宗寿准教授（茨城大学）と平山太市URA／ユニバーシティ・リサーチ・アドミニス

トレーター（同）には、私の地理的表示研究のスケジュールや方向性の決定につき、御相談に乗って頂きました。お二人の御助言は、自身の研究の意義を確認するうえで極めて貴重な機会となりました。

雅粒社の坂本知枝美様には、私が『時の法令』誌で「知財物語」と題する連載記事を持っていた時に、同誌の編集者として私の連載記事を担当して頂き、地理的表示や商標に関する、一般の方々向けの叙述のあり方について御助言を頂きました。

田邊裕名誉教授（東京大学）からは、本書第三章（第三章22―同24）の元原稿に対して大変丁寧な御感想を頂戴しました。田邊先生は日本の地名の乱れを憂慮しておられ、そうした見地から私の研究に関心を持って下さり、そのことは私にとりまして大変な励みとなりました。また、この元原稿につきましては、古今書院の関秀明様の御厚意で、『月刊地理』誌に掲載させて頂きました。

砥綿洋佑弁理士には『月刊パテント』誌への寄稿の御依頼を頂き、論文のテーマ選定について御相談に乗って頂きました。砥綿弁理士の御助言に基づき、和牛の名称保護をテーマとする論考を同誌に寄稿することができました。

前川洋一郎　元教授（関西外国語大学）からは、八丁味噌に関する資料を提供して頂き、八丁味噌の名称保護のあり方につき意見交換をさせて頂きました。古い生産地や老舗に対する前川先生の真摯な愛情に大変感銘を受けています。

那珂市役所の山田登志子様には、茨城県における干し芋生産に関する状況と、茨城県那珂市における先進的な農政と農業生産の状況を大変詳しく教えて頂きました。

本書は、こういった多くの皆様からの御教示や御親切のおかげで成立しています。皆様に心よりのお礼を申し上げます。

最後に、本書の校正は、茨城大学人文社会科学部法律経済学科四年生の中西諄君が担当してくれました。私は中西君に対しては、付先生、本澤先生、笠原先生、山田先生、山内先生が私を応援しまた導いて下さったようには、特別なことは何もしておりません。にもかかわらず、卒論執筆の時期と重なる時期に快く校正を引き受けてくれたことに感謝していま す。中西君は、来年度から法務省民事局に勤務することが決まっています。法務官僚の卵に校正をお願いできたことを幸せなことと感じています。

令和五年二月末

荒木雅也

〔付記〕 本書における研究は、ＪＳＰＳ科研費（基盤研究（Ｃ）（JP20K01413））の助成と、茨城大学学長リーダーシップ経費（特色研究イニシアティブ）の助成を受けたものです。また、常陽銀行との共同研究（研究題目「茨城県の地方創生と観光」）の対象でもありました。各方面から御支援を頂いたことを大変光栄なことと思っております。記して、感謝申し上げます。

〔追記〕 本書脱稿後に、上記八丁味噌事件につき控訴審（知的財産高裁）の判決が下されました（二〇二三年三月八日）。同判決は、東京地裁の判断［本書第三章18以下を参照］をほぼ全面的に踏襲していますが、本書では、知的財産高裁判決については言及することができませんでした。

〈著者紹介〉
荒木 雅也（あらき　まさや）

茨城大学人文社会科学部教授
1973年　生まれ
1995年　中央大学法学部卒業
1997年　中央大学大学院法学研究科博士前期課程修了
2020～21年 「八丁味噌」の地理的表示登録に関する第三者委員会委員
［主著］『地理的表示法制の研究』（尚学社、令和３年）

信山社新書

地理的表示と日本の
地域ブランドの将来

2023（令和５）年３月25日　第１版第１刷発行

©著　者　荒　木　雅　也
発行者　今　井　　貴
　　　　稲　葉　文　子
発行所　㈱　信　山　社
〒113-0033 東京都文京区本郷6-2-102
電話 03(3818)1019　FAX 03(3818)0344

Printed in Japan, 2023　　印刷・製本／藤原印刷株式会社

ISBN 978-4-7972-8331-0 C3232 ￥1250E